インプレスR&D［NextPublishing］

ON Deck Books
E-Book / Print Book

Unity＋OpenXRによる
VRプログラミング

Meta Quest2／Windows Mixed Reality対応

多田 憲孝 ｜ 著

impress
R&D

An impress
Group Company

自作のVRアプリケーションを開発しよう！

JN118127

はじめに

　VR（virtual reality、バーチャルリアリティ）とは、原物そのものではないが、それと同じ機能・効果を提供する技術のことです。通常、VR用のヘッドセット（headset、またはヘッドマウントディスプレイ head mounted display）と呼ばれるデバイスを頭部に装着してVRを体験します。かつては高価であったヘッドセットが2010年代頃から低価格化・高機能化し、それに伴いVRコンテンツの開発も活性化していき、ゲーム・IT分野だけでなく、観光・商業・教育など多彩な分野でVRが活用されるようになってきました。

　これまでのVRのソフトウェア開発では、プラットフォームおよびデバイスに依存したソフトウェア開発キットを用いてきましたが、2019年にKhronos（クロノス）コンソーシアムによりロイヤリティフリーのXR用API「OpenXR」がリリースされました。これを使用することにより、ソフトウェアの移植性が向上し、さまざまなプラットフォームおよびデバイスに対応したコンテンツを提供できるようになります。多くの主要企業がOpenXRのサポートを表明しており、これを標準化する動きが進んでいます。

※OpenXRのサポートを公的に表明している企業： AMD、Blender、Epic Games、Google、HP、HTC、Intel、Magic Leap、Meta、Microsoft、NVIDIA、Pico、Sony、Unity、VALVEなど50社以上（2022年7月現在）

　XR Interaction ToolkitはUnityのXR用ツールで、VR空間でプレイヤーの移動やオブジェクトの操作を容易に実装できるライブラリーです。

　本書は、Unity＋OpenXR＋XR Interaction ToolkitによるVRプログラミングに必要な各種命令の詳細解説およびC#サンプルスクリプトからなる解説書です。次の3項目に該当する方を対象とし、その方々のVRプログラミングの学習支援を目的としています。
- ・VRプログラミングを学び、自作のVRアプリケーションを開発したい方
- ・Unityの入門書を読み終えた初学者の方
- ・C#言語の基本的文法（データ型、ifなどの基本制御構造、クラスの定義と利用など）を理解している方

　本書の主な特色を次に示します。

（1）命令文の汎用的な書式と使用例の提示： VR機能をC#スクリプトで操作できるように、その命令文に関する汎用的な書式を示し、具体的なスクリプトを例示し解説してあります。命令文の機能別リファレンスとしても利用できることでしょう。

（2）自作アプリに転用しやすいサンプルスクリプト： サンプルスクリプトを一部修正して自作アプリに転用することを想定し、サンプルスクリプトはそれぞれの機能をしっかり実現した上で、要点を押さえた短いコードで記述されています。

（3）各機能の理解を深める工夫： 実行した際に各機能の挙動を観察し、理解を深めることができるように、サンプルスクリプトには、「サムスティックによる入力値を表示する」、「処理の遷移状態を表示する」などの工夫がされています。

本書は次の環境下におけるVRプログラミングについて解説されています。また、本書のサンプルスクリプトは、この環境下で動作が確認されています。

- Unity 2021.3.8f1 Personal
- OpenXR Plugin ver. 1.4.2
- XR Interaction Toolkit ver. 2.0.2（その他のパッケージについては第1章参照）
- OS： Windows 10 Home 21H2
- ヘッドセット： Meta Quest2、Windows Mixed Reality（Acer AH101）

※サンプルスクリプトの移植性について： 上記の両ヘッドセットにおいて、プラットフォームの設定およびプロジェクト設定の一部のみ、ヘッドセットに応じた設定を行いますが、ソースコードおよびアセットは修正せずに動作します。

　本書がVRプログラミングを学習する方々の一助になれば幸いです。本書発行にあたり、株式会社インプレスR＆Dの編集諸氏にはたいへんお世話になりました。本書に関わった皆様に心より感謝いたします。

2022年7月　多田 憲孝

本書の利用に際し

【1】本書では、Windows 10 の環境下でソフトウェアを扱います。また、ターゲットとするヘッドセットは Meta Quest2 と Windows Mixed Reality（Acer AH101）の2種類です。その他の OS 環境およびヘッドセットに関する解説は割愛します。

【2】表記について

（1）外来語（カタカナ）については、原則として「平成3年内閣告示第2号『外来語の表記』」ならびに「外来語（カタカナ）表記ガイドライン　第3版」（一般財団法人テクニカルコミュニケーター協会、2015）に従い表記します。　例）コンピューター、エディター　※ JIS ではこれらの語尾の長音符号を付けませんが、本書では上記のガイドラインに従い長音符号を付けて表記します。

（2）Unity エディターの言語設定を「日本語」とし、日本語化されたメニュー項目名を使って説明します。

（3）キーボードのキー表記はキートップの文字に囲み線を付けて表記します。また、キーを同時に押す場合は2つ以上のキーを＋記号で連結し表記します。

　　例：[A]　[Space]　　[↑]（上矢印キー）　[Ctrl]＋[A]（[Ctrl]キーと[A]キーを同時に押す）

（4）ソフトウェアの操作ボタンの指示や値の設定などは、次のとおり表記します。

　（a）手順：「→」にて操作手順を示します。　例）［ファイル］→［フォルダーを開く］

　（b）メニューバーや主たる操作画面：【　】で囲み表記します。　例）【メニューバー】、【ヒエラルキー】

　（c）操作画面のクリックすべき項目名、タブ名、ボタン名：［　］で囲み表記します。
　　　　例）【インスペクター】→［コンポーネントを追加］→［スクリプト］

　（d）テキストボックス、ドロップダウンメニューなどへの入力値の指示：［項目名］＝入力値の形式で表記します。　例）［ファイル名］＝ SceneFirstVR

　（e）チェックボックスへの値設定：［チェックボックス名］＝オン（またはオフ）の形式で表記します。例）［自動生成］＝オン

　（f）ポップアップメニュー（コンテキストメニュー）の表示：「ポップアップメニューを開く」と記してある場合には、当該項目を右クリックしてポップアップメニューを開きます。

　（g）オブジェクト名：　Unity エディターの【インスペクター】の最上部の欄にはオブジェクト名が表示されており、名称変更も可能です。この欄にはラベルが付されていませんが、本書ではこの欄を［オブジェクト名］と呼びます。　例）［オブジェクト名］＝ GrabbableCube に変更

　（h）長さの設定値：　本書における Unity の長さの単位は「m」とします。

　（i）色の設定値：　色の値は RGB0〜1.0 で表記します。色の単位を「RGB0〜255」（デフォルト）から「RGB0〜1.0」に変更してください。

（5）メソッドなどは代表的な書式だけを記しました。 ※すべての書式（オーバーロード）を知りたい場合は、Visual Studio 上でメソッドのパラメーターの括弧内にカーソルを置き、⌈Ctrl⌋ ＋ ⌈Shift⌋ ＋ ⌈Space⌋ キーを押し、確認してください。

（6）書式において、〔 〕で囲まれた部分は省略が可能であることを示します。

例）<引数の型名1〔，引数の型名2，・・・〕> ※引数の型名2以降は省略可

（7）補足事項や注意事項については、《Note》または※印を付して説明します。

（8）参考となる解説箇所の章節項は、★印を付けて示します。 例）★1.2.5（第1章2節5項参照という意味）

（9）参考となるサイトの URL は原則として脚注に記します。

（10）ソースコードの字下げ（インデント、indent）： 紙面の都合により字下げを2文字分としています。ソースコードを入力する際には、もちろん Visual Studio のデフォルト（4文字分）のままでかまいません。

（11）サンプルスクリプト内の「##>」は、1行の文が長く紙面に収まらないため、改行して表記しています。実際に入力する際は「##>」を入力せず改行しないで1行で書いてください。

例）meshRenderer = objectInSocket != null ?
**　　##> objectInSocket.GetComponent<MeshRenderer>() : null;**

（12）スクリプトエディター（Visual Studio など）のフォント設定により、サンプルスクリプト内の「\」（バックスラッシュ）が「¥」（円記号）で表示されることがあります。スクリプトの動作に違いはありませんので、読み替えてください。

（13）本書の文中にあるシステム名、製品名、会社名は、該当する各社の登録商標または商標です。登録商標などのマークは省略しています。

【3】本書のサンプルスクリプトは、筆者のサイト（脚注参照）からダウンロードすることができます[1]。

　　　※なお、このサービスは予告なく終了することがあります。あらかじめご了承願います。

【4】本書に記載されている内容は学習ならびに情報提供を目的としています。よって、サンプルスクリプトなどの本書の内容を運用した結果については、著者および出版元はいかなる責任も負いません。

1.https://wonderprocessor.com/publication/ 　　（パスワード：OpenXR）

目次

はじめに ……………………………………………………………………………… 2

本書の利用に際し ……………………………………………………………………… 4

第1章　はじめての自作VR …………………………………………………………… 9

1.1　Unityの設定………………………………………………………………………… 10

1.2　ヘッドセット別設定（その1：Meta Quest2）………………………………… 20

1.3　ヘッドセット別設定（その2：Windows Mixed Reality）…………………… 26

1.4　VR空間の作成……………………………………………………………………… 36

1.5　アプリの実行……………………………………………………………………… 44

第2章　アクションマップとコントロール ………………………………………… 49

2.1　アクションマップ………………………………………………………………… 50

2.2　アクションに関する命令と処理例……………………………………………… 63

2.3　サンプルスクリプト（ActionToControl）…………………………………… 70

第3章　レイキャスト ………………………………………………………………… 89

3.1　XR Controllerの利用 ……………………………………………………………… 90

3.2　コントローラーのモデルの作成 ……………………………………………… 100

3.3　XR Controllerの動作確認 ……………………………………………………… 106

3.4　レイキャストとインタラクション …………………………………………… 112

3.5　レイキャストに関する命令と処理例 ………………………………………… 114

3.6　サンプルスクリプト（RaycastManager）…………………………………… 126

第4章　つかむ動作とソケット ……………………………………………………… 135

4.1　つかむことができるインタラクタブルに関する命令と処理例……………… 136

4.2　直接つかむ動作に関する命令と処理例 ……………………………………… 146

4.3　ソケットに関する命令と処理例 ……………………………………………… 151

4.4　サンプルスクリプト（GrabbableObjectManager／SocketManager）……… 156

第5章　ユーザーインターフェイス ……………………………………………………… 169

　5.1　ユーザーインターフェイスの作成 ……………………………………………… 170

　5.2　UIに関する命令と処理例 …………………………………………………………… 178

　5.3　サンプルスクリプト（UIManager） …………………………………………… 189

第6章　移動・回転・テレポーテーション ……………………………………………… 201

　6.1　Locomotion System の利用 ……………………………………………………… 202

　6.2　テレポーテーション関連オブジェクトの作成 ……………………………… 215

　6.3　Locomotion System の動作確認 ……………………………………………… 230

　6.4　UnityEvent に関する命令と処理例 ………………………………………… 234

　6.5　サンプルスクリプト（ControllerManager） ……………………………… 239

　著者紹介 ……………………………………………………………………………………… 255

1

第1章　はじめての自作VR

◉

1.1　Unityの設定

　UnityのOpenXRおよびXR Interaction Toolkitは、さまざまなヘッドセットに対応していますが、設定するプラットフォームなどはそれぞれのヘッドセットにより異なります。本章では、Meta Quest2（旧名：Oculus Quest2）およびWindows Mixed Reality規格対応のヘッドセット（以下Windows MRという）の設定例を示します。ここでいうWindows MRはCPUを持たない姿勢センサー付きの頭部装着型の外部モニターとし、HoloLensは除きます。

表 1.1.1　Meta Quest2 と Windows MR のプラットフォーム

ヘッドセット	プラットフォーム
Meta Quest2	【Android】
Windows MR	【Universal Windows Platform】　or　【Windows, Mac, Linux】

1.1.1　Unityのインストール

　次のUnityの公式サイト[1]からUnity Hub（本書ではver. 3.2.0）をインストールします。　※本書ではURLを原則脚注に記します。以下同様。

　Unity Hubインストール後、アカウント、ライセンス登録などの手続きを行います。

　なお、本書ではUnity Hubの言語設定を「日本語」とし、そのメニュー項目名を用いて操作を説明します。

Unity Hubの日本語設定：　Unity Hubの左欄上部の［歯車アイコン］（環境設定）→［表示］→［言語］＝日本語

　次にUnity Hubにより、UnityエディターUnity2021 LTS版（本書では2021.3.8f1）をインストールします。その際に、使用するヘッドセットに応じて、下表の〇印の付いたモジュールを追加します。

1.https://unity3d.com/jp/get-unity/download

表1.1.2　インストールするモジュール

モジュール	ヘッドセット	
	Meta Quest2	Windows MR
Microsoft Visual Studio Community 2019	○	○
Android Build Support	○	×
OpenJDK	○	×
Android SDK & NDK Tools	○	×
Universal Windows Platform Build Support	×	○
Windows Build Support (ILSCPP)	×	○
言語パック（日本語）	○	○

※　○印のモジュールを追加

図1.1.1　インストールするモジュール

　Unityエディターのインストール開始後に、Visual Studioのインストーラーも起動し、ワークロード（開発環境別インストール項目）を指定するように求めてきます。使用するヘッドセットに応じて、次のワークロードを指定します。

・C++によるデスクトップ開発（Windows MR用）
　＋自動的にチェックされているオプション

・ユニバーサル Windows プラットフォーム開発（Windows MR 用）

　　＋自動的にチェックされているオプション

　　＋「C++(vxxx) ユニバーサル Windows プラットフォームツール」

・Unity によるゲーム開発（両ヘッドセット共通）

　　ただし、オプション［Unity Hub］＝オフ　　※すでに最新版をインストール済み

　　※本書では Visual Studio Community 2019（ver. 16.11.18）を使用します。

図1.1.2　インストールするワークロード

※ダウンロードサイトにあるソフトウェアは随時更新されているため、バージョンなどが上記と異なることがあります。以下、その他のパッケージなどについても同様です。

1.1.2　Unity エディターの設定

（1） プロジェクト保存用フォルダーの作成

　あらかじめ、Unity で使用するファイルを保存するためのフォルダーを作成しておきます。本書では、フォルダー［C:\Users\ユーザー名\Documents］の下に「UnityProjects」という名前のフォルダーを作成します。

||||||||||||||||||||||||||||||||||||||||||||||||||||||||||||||||||||||||||||||||||||||||||||||||||||||||||||||||
《Note》プロジェクトのフォルダーについて

　プロジェクトのフォルダー名ならびにこのパスに全角文字を使用しないでください。全角文字を含んだパスにより、ビルドが正しく動作しないことがあります。また、Windows OS を使用している場合は、パスの文字制限（MAX_PATH = 255）の影響を受け、パスが制限文字数を超えているときは、ビルドが失敗することがあります。したがって、できるだけルートディレクトリーの近くにこのフォルダーを設定してください。さらに、Windows の OneDrive 内においてもビルドに関する

トラブルが生じることがあります。

||||||||||||||||||||||||||||||||||||||||||||||||||||||||||||||||||||||||||||||||||||||||||||||||||||||||||

（2）新規プロジェクトの作成

- Unity Hub の左欄メニューの［プロジェクト］→［新しいプロジェクト］→［テンプレート］＝「3D」→［プロジェクト名］＝適切なプロジェクト名（ここでは「UnityVR」）を入力
- ［保存場所］＝適切な保存先フォルダー（ここでは、先ほど作成したフォルダー［UnityProjects］）を指定 →［プロジェクトを作成］

図1.1.3　新規プロジェクトの作成

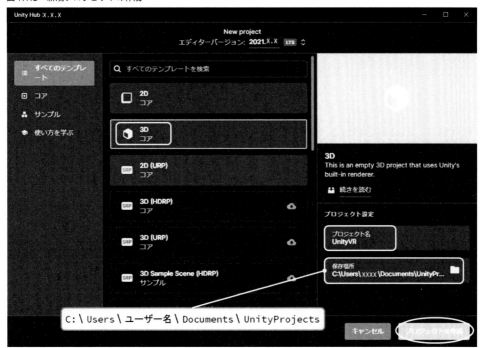

（3）Unity エディターのテーマの設定

本書では、操作画面を明るい色に設定します。

- 【メニューバー】→［Edit］→［Preferences］→［General］→［Editor Theme］＝ Light

図1.1.4　Unityエディターのテーマ設定

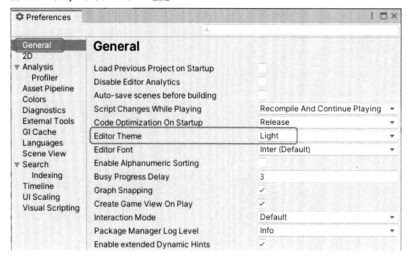

（4） Unityエディターの言語設定

本書では、Unityエディターの言語を日本語に設定します。

・【メニューバー】→［Edit］→［Preferences］→［Languages］→［Editor Language（Experimental）］＝オン→［Editor Language］＝日本語（Experimental）→メニューが日本語にならない場合はUnityエディターを再起動してください。

※以下、日本語のメニュー項目名を用いて操作を説明します。

図1.1.5　Unityエディターの言語設定

（5） スクリプトエディターの設定

・【メニューバー】→［編集］→［環境設定］→［外部ツール］→［外部のスクリプトエディター］＝Microsoft Visual Studio 2019

図1.1.6　スクリプトエディターの設定

1.1.3　パッケージの設定

（1）パッケージ「Input System」のインストール

（a）インストール

- 【メニューバー】→［ウインドウ］→［パッケージマネージャー］→［パッケージ］＝Unityレジストリ→［Input System］（本書ではver. 1.4.1）→［インストール］→新入力システムへの切り替えに関する更新ダイアログに対して［Yes］→Unityエディターが再起動し、新入力システムのインストールが完了。

図1.1.7　Input Systemのインストール

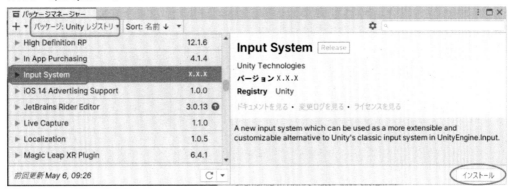

（b）Input Systemの基本データの作成

- 【メニューバー】→［編集］→［プロジェクト設定］→［Input System Package］→［Create settings asset］　※作成された項目の値はデフォルトのままにしておきます。

図1.1.8　Input System の基本データの作成

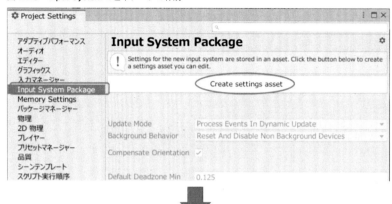

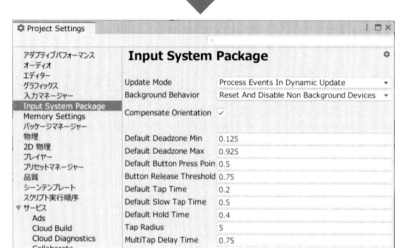

（2） パッケージ「XR Plugin Management」のインストール
- ［パッケージマネージャー］→［パッケージ］＝ Unity レジストリ →［XR Plugin Management］（本書ではver. 4.2.1）→［インストール］

（3） パッケージ「OpenXR Plugin」のインストール
- ［パッケージマネージャー］→［パッケージ］＝ Unity レジストリ →［OpenXR Plugin］（本書ではver. 1.4.2）→［インストール］　※「Oculus XR Plugin」と間違えないこと。

（4） パッケージ「XR Interaction Toolkit」のインストール
プレイヤーとアプリとの相互作用を支援するインタラクション機能をインストールします。
- ［パッケージマネージャー］の上左部の［＋］→［GIT URLからパッケージを加える］＝ com.unity.xr.interaction.toolkit →［追加］→ XR Interaction Layer Mask に関する更新ダイアログ →［No Thanks］（ただし、XR Interaction Toolkit 2.0.0 よりも前のバージョンを使用していたプロジェクトを利用する場合は［I Made a Backup, Go Ahead!］を選択）→ インストール完了（本書

ではver. 2.0.2）

図1.1.9　XR Interaction Toolkit のインストール

（5）「TextMesh Pro」の設定

・【メニューバー】→［編集］→［プロジェクト設定］→［TextMesh Pro］→［Import TMP Essentials］

・［TextMesh Pro］の［▶］→［設定］→［Dynamic Font System Settings］グループの［Disable warnings］＝
オン　※他の項目はデフォルトのまま

図1.1.10　TextMesh Pro のインポート

図1.1.11　TextMesh Pro の設定

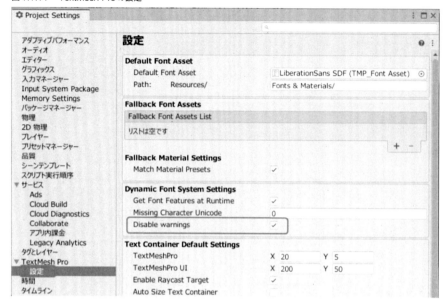

1.1.4　演習用データの作成

（1）演習用フォルダーの作成

演習で使用するフォルダーをあらかじめ作成しておきます。

・【プロジェクト】→ フォルダー［Assets］内で右クリックしポップアップメニューを開く → ［作成］→［フォルダー］→［フォルダー名］＝ ActionAssets に変更

・同様に、フォルダー［Assets］内に、次の4つのフォルダーを作成します。

「AudioClips」、「Materials」、「Prefabs」、「Scripts」

なお、フォルダー［Scenes］はプロジェクト作成時に自動的に作成されています。

図1.1.12　演習用フォルダーの作成

（2）演習用マテリアルの作成

演習用のオブジェクトを着色するために、次の色のマテリアルをあらかじめ作成しておきます。

（a）黒色

- ・【プロジェクト】→［Assets］→［Materials］→このフォルダー内で右クリックしポップアップメニューを開く→［作成］→［マテリアル］
- ・【インスペクター】→作成されたマテリアルの名前「New Material」を「Black」に変更
- ・［Rendering Mode］＝Opaque（不透明）
- ・［アルベド］の色欄をクリックし、［色］ウインドウを開く→色の単位を［RGB0-1.0］に設定
  →［RGBA］＝(0, 0, 0, 1)　※以下、色の値は［RGB0-1.0］で表記します。

図1.1.13　マテリアルの作成

 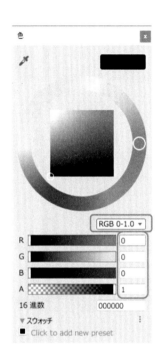

同様に、次の色のマテリアルを作成します。

（b）青色：［マテリアル名］＝Blue、［Rendering Mode］＝Opaque（不透明）、［RGBA］＝(0, 0, 1, 1)

（c）緑色：［マテリアル名］＝Green、［Rendering Mode］＝Opaque、［RGBA］＝(0, 1, 0, 1)

（d）灰色：［マテリアル名］＝Gray、［Rendering Mode］＝Opaque、［RGBA］＝(0.6, 0.6, 0.6, 1)

（e）シアン色（半透明）：［マテリアル名］＝TranslucentCyan、［Rendering Mode］＝Transparent（透明）、［RGBA］＝(0, 1, 1, 0.4)

1.2 ヘッドセット別設定（その1：Meta Quest2）

　ヘッドセット Meta Quest2 を使用する場合は、以下のとおり設定します。Windows MRを使用する場合は★1.3へ進んでください。

1.2.1 プラットフォームの設定

　Meta Quest2 は Android OS を採用しているデバイスであるため、プラットフォームを Android に設定します。［Build Settings］画面の項目を次のとおり設定します。指定項目以外はデフォルトのままとします。

- ・【メニューバー】→［ファイル］→［ビルド設定］→［プラットフォーム］＝ Android
- ・［テクスチャ圧縮］＝ ASTC
- ・［ターゲットの切り替え］をクリック

図1.2.1　プラットフォームの設定（Meta Quest2）

1.2.2 プロジェクト設定

（1） プレイヤーの設定

・【メニューバー】→［編集］→［プロジェクト設定］→［プレイヤー］→［Android］タブ→［その他の設定］

　［その他の設定］グループの項目を次のとおり設定します。指定項目以外はデフォルトのままとします。

・［色空間］＝ガンマ
・［自動グラフィックス API］＝オフ
・［Graphics APIs］＝ Vulkan 　　※他の API（OpenGLES3）は削除します。
・［テクスチャ圧縮形式］＝ ASTC
・［OpenGL：Profiler GPU Recorders］＝オフ
・［最低 API レベル］＝ Android 6.0 'Marshmallow' (API level 23)
・［スクリプティングバックエンド］＝ IL2CPP
・［ARM64］＝オン 　　※他の ARMv7、x86 などはチェックオフします。
・［アクティブな入力処理］＝入力システムパッケージ（新）

図 1.2.2　プレイヤーの設定（Meta Quest2）

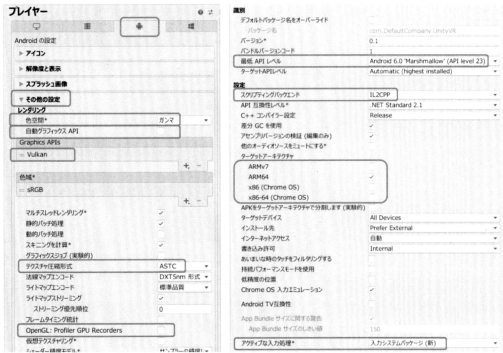

（2） XR Plug-in Management の設定

・【メニューバー】→［編集］→［プロジェクト設定］→［XR Plug-in Management］→［Android］

タブ

［Android］タブ内の項目を次のとおり設定します。

- ［Initialize XR on Startup］＝オン
- ［プラグインプロバイダー］グループの［OpenXR］＝オン（この段階では警告あり）
  ※Oculusと間違えないこと。

図1.2.3　XR Plug-in Managementの設定（Meta Quest2）

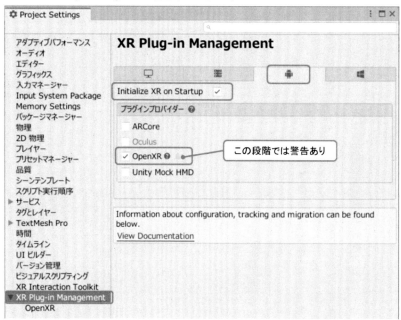

（3） OpenXRの設定

- 【メニューバー】→［編集］→［プロジェクト設定］→［XR Plug-in Management］の［▶］→
  ［OpenXR］→［Android］タブ

［Android］タブ内の項目を次のとおり設定します。

- ［Render Mode］＝Multi-pass
- ［Depth Submission Mode］＝Depth 16Bit
- ［Interaction Profiles］欄右下の［＋］→［Oculus Touch Controller Profile］
- ［OpenXR Feature Groups］の［Oculus Quest Support］＝オン
  ※この設定により、前項の「XR Plug-in Management」の警告は解除されます。

図1.2.4　OpenXRの設定（Meta Quest2）

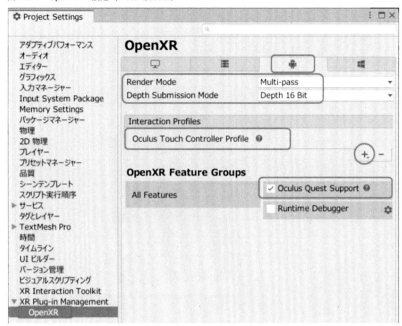

||||||||||||||||||||||||||||||||||||||||||||||||||||||||||||||||||||||||||||||||||||||||||||||||||||||||||||||||||||
《Note》Oculus XR Plugin」について

　Meta Quest2のVulkan APIを使った「Symmetric Projection」などの高機能を使用する場合は、さらにパッケージ［Oculus XR Plugin］をインストールすることで実装することができます。※本書の演習ではインストールしません。
||||||||||||||||||||||||||||||||||||||||||||||||||||||||||||||||||||||||||||||||||||||||||||||||||||||||||||||||||||

1.2.3　デバイスの設定

（1）開発者モード有効化・接続設定

　あらかじめ次のサイトの説明に従い、デバイスのセットアップ（組織の作成、アカウントの認証、Oculus ADBドライバーのインストールなど）を行います。※ADB＝Android Debug Bridgeの略

・OCULUS FOR DEVELOPERS　「デバイスのセットアップ」[1]

・OCULUS FOR DEVELOPERS　「Oculus ADB Drivers」[2]

　設定後、多機能端末（スマートフォンなど）のOculusモバイルアプリを起動し、開発者モードを有効にします（下図(a)参照）。

・［メニュー］→［デバイス］→［ヘッドセットの設定］→［開発者モード］→［開発者設定］ダイアログ→［開発者モード］＝オン

　※［開発者モード］の箇所が［スタート］になっている場合は、上記の「デバイスのセットアッ

1.https://developer.oculus.com/documentation/native/android/mobile-device-setup/

2.https://developer.oculus.com/downloads/package/oculus-adb-drivers/

プ」における開発者登録が未設定である可能性があります。再確認してください。

また、ヘッドセットでも開発者モードを次のとおり確認します（下図(b)参照）。

・[Oculusボタン] → [クイック設定] → [設定] → [システム] → [開発者] → [USB接続ダイア
ログ] ＝オン

図1.2.5　開発者モードの有効化

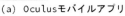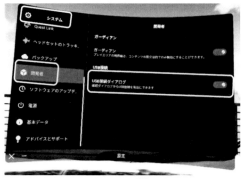

(a)　Oculusモバイルアプリ　　　　　　　　　　　　(b)　ヘッドセット

（2） 接続の確認

（a）接続：　Meta Quest2とパソコンをUSBケーブルで接続します。

（b）アクセス許可：　ヘッドセット起動時に下図のとおり「USBデバッグの許可」および「ファイ
ルへのアクセスの許可」に関するダイアログが表示されます。いずれも許可してください。

図1.2.6　USBデバッグおよびファイルへのアクセスの許可

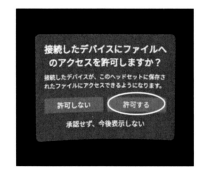

（c）デバイスマネージャーによる接続の確認

・デバイスマネージャーの起動：　Windows OSの[スタートボタン]を右クリック → [デバイ
スマネージャー]

・下図のとおり、デバイスマネージャーのユニバーサルシリアルバスデバイスに「ADB Interface」
および「XRSP Interface」が表示され、接続が確認できます。なお、デバイス名は環境により
異なる場合があります。

図1.2.7　デバイスマネージャーによる接続確認

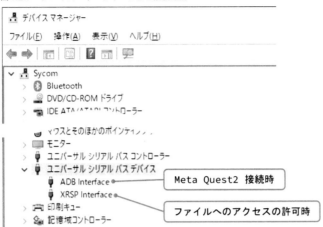

（3） ヘッドセットの動作確認

次の動作確認を行ってください。

・ヘッドセットのモニターに画像が表示されているか

・ヘッドセットの動きと共に視野が変化するか（姿勢センサーが正しく動作するか）

・コントローラーが正しく動作するか

・ヘッドセットからサウンドは聞こえるか

通常の使用方法（アプリ開発以外）ができていない場合は、あらためて正しくセットアップしてください。

※設定が完了したら、★1.4へ進んでください。

1.3　ヘッドセット別設定（その2：Windows Mixed Reality）

　ヘッドセット Winndows MRを使用する場合は、以下のとおり設定します。そうでない場合は★1.4へ進んでください。

1.3.1　プラットフォームの設定

　Windows MR規格対応ヘッドセットでは、プラットフォームを一般に Universal Windows Platform に設定します。［Build Sttings］画面の項目を次のとおり設定します。指定項目以外はデフォルトのままとします。

- ・【メニューバー】→［ファイル］→［ビルド設定］→［プラットフォーム］＝ Universal Windows Platform
- ・［アーキテクチャ］＝ Intel 64-bit（Windows 64bit 版の場合）
- ・［ビルド＆実行 オン］＝ローカルマシン（Local Machine）であることを確認。
- ・［ターゲットの切り替え］をクリック

図1.3.1　プラットフォームの設定（Windows MR）

1.3.2　Mixed Realty OpenXR Pluginの設定

（1）.NET 5.0ランタイムのインストール

　Winndows MR用のOpenXR Pluginを得るために、Mixed Reality Feature Toolを用います。この Toolを実行するには.NET 5.0ランタイムが必要です。

　まず、次のサイトから.NET デスクトップランタイムのインストーラー（本書ではver. 5.0.17、x64 版）をダウンロードします。そして、ダウンロードしたインストーラー実行ファイル（本書では windowsdesktop-runtime-5.0.17-win-x64.exe）により、.NETランタイムをインストールします。

　・Microsoft「.NET 5.0 のダウンロード」[1]

1.https://dotnet.microsoft.com/ja-jp/download/dotnet/5.0

図1.3.2　.NETデスクトップランタイムのダウンロード

.NET 5.0 のダウンロード

... for Mac (v8.10)

に含まれる
Visual Studio 16.11.14

付加済みランタイム
.NET Runtime 5.0.17
ASP.NET Core ランタイム 5.0.17
.NET デスクトップ ランタイム 5.0.17

言語サポート
C# 9.0
F# 5.0
Visual Basic 16.0

Windows　Hosting Bundle | 　　Arm64 | x64 | x86
　　　　　x64 | x86

.NET デスクトップ ランタイム 5.0.17

.NET Desktop ランタイムを使用すると、既存の Windows デスクトップ アプリケーションを実行できます。このリリースには **.NET** ランタイムが含まれています。個別にインストールする必要はありません。

OS	インストーラー	バイナリ
Windows	Arm64	x64	x86	

（2） Mixed Reality Feature Tool のインストール

　次のサイトからMixed Reality Feature Tool（本書ではMixedRealityFeatureTool-1.0.2206.1-Preview.zip）をダウンロードします。

・Microsoft Downlod Center「Mixed Reality Feature Tool」[2]
　または
・Microsoft/Docs/Windows　「Mixed Reality Feature Tool へようこそ」[3]

図1.3.3　Mixed Reality Feature Tool のダウンロード

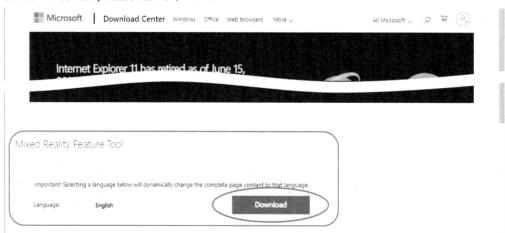

　ダ ウ ン ロ ー ド し た zip フ ァ イ ル を す べ て 展 開 し ま す。展 開 後 の フ ォ ル ダ ー

2.https://www.microsoft.com/en-us/download/details.aspx?id=102778

3.https://docs.microsoft.com/ja-jp/windows/mixed-reality/develop/unity/welcome-to-mr-feature-tool

［MixedRealityFeatureTool-x.x.xxxx］をプロジェクト保存用フォルダー（本書では「C:\Users\ユーザー名\Documents\UnityProjects」）へ移動します。このフォルダー内にある［MixedRealityFeatureTool.exe］がMixed Reality Feature Toolの実行ファイルです。

（3）「Mixed Realty OpenXR Plugin」のインポート
（a）プロジェクトの起動： 先に作成したプロジェクト「UnityVR」を起動します。
（b）ツールの起動： 実行ファイル［MixedRealityFeatureTool.exe］をダブルクリックして「Mixed Reality Feature Tool」を起動します。
（c）プラグインのインポート
　・Toolトップ画面の［Start］をクリック
　・［Select Project］画面の［Project Path］＝プロジェクト（ここでは「C:\Users\ユーザー名\Documents\UnityProjects\UnityVR.sln」）を指定 →［Discover Features］（機能の検出）をクリック

図1.3.4　Mixed Reality Feature Tool (Select project)

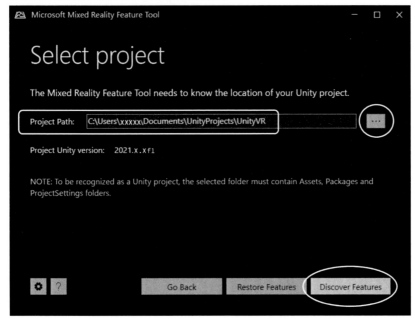

　・［Discover Features］画面の［Platform Support］の［＋］ →［Mixed Realty OpenXR Plugin］＝オン →［Get Features］（機能の取得）

図 1.3.5　Mixed Reality Feature Tool (Discover Features)

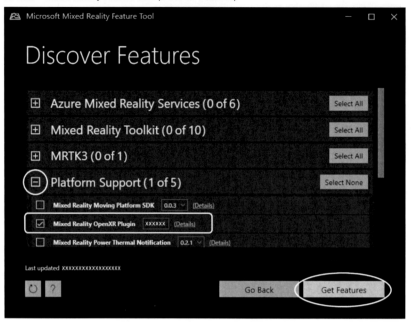

・[Import Features] 画面の [Import]（インポート）
・[Review and Approve] 画面の [Approve]（承認）
・[Unity Project Updated] 画面の [Exit]
（d）インポートされたプラグインの確認
　　・すでに起動してあるUnityエディターのウインドウをアクティブにします。
　　・【メニューバー】→ [ウインドウ]→ [パッケージマネージャー]→ [パッケージ] の [▼]
　　　→ [プロジェクト内]→ 下図のとおり [Mixed Reality OpenXR Plugin]（本書ではver. 1.4.4）が
　　　インストールされていることを確認します。

図 1.3.6　Mixed Reality OpenXR Plugin

1.3.3　プロジェクト設定

（1） プレイヤーの設定
- ・【メニューバー】→［編集］→［プロジェクト設定］→［プレイヤー］→［Universal Windows Platform（以下、「UWP」という）］タブ→［その他の設定］

［その他の設定］グループの項目を次のとおり設定します。指定項目以外はデフォルトのままとします。
- ・［色空間］＝ガンマ
- ・［自動グラフィックス API］＝オフ
- ・［Graphics API］＝Direct3D11
- ・［アクティブな入力処理］＝入力システムパッケージ（新）

図1.3.7　プレイヤーの設定（Windows MR）

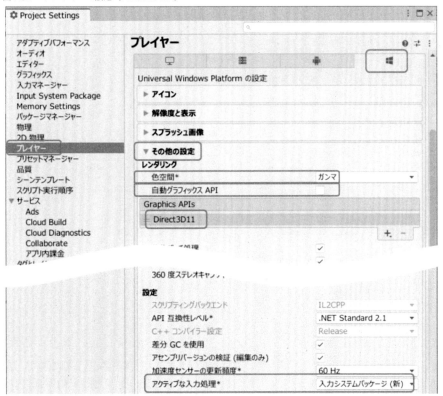

- ・［プレイヤー］→［UWP］タブ→［公開情報］→［Capabilities］グループ

［Capabilities］グループの項目を次のとおり設定します。指定項目以外はデフォルトのままとします。
- ・［WebCam］＝オン（Windows Mixed Reality のカメラ機能）

- ［SpatialPerception］＝オン（Windows Mixed Reality の平面の空間認識機能）
- ［GazeInput］ ＝オン（Eye Gaze Interaction Profile の視線追跡機能）

図 1.3.8　公開情報の設定（Windows MR）

（2） ［XR Plug-in Management］の設定
- 【メニューバー】 → ［編集］ → ［プロジェクト設定］ → ［XR Plug-in Management］ → ［UWP］ タブ

［UWP］ タブ内の項目を次のとおり設定します。
- ［Initialize XR on Startup］＝オン
- ［プラグインプロバイダー］グループの［OpenXR］＝オン　※この段階では警告あり。
- Microsoft HoloLens Feature group ＝オフ
- Holographic Remoting remote app feature group ＝オフ

図1.3.9　XR Plug-in Management の設定（Windows MR）

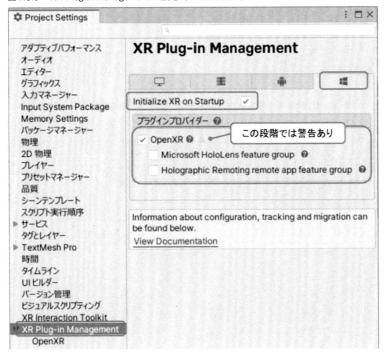

（3） OpenXR の設定

・【メニューバー】→［編集］→［プロジェクト設定］→［XR Plug-in Management］の［▶］→
　［OpenXR］→［UWP］タブ

［UWP］タブ内の項目を次のとおり設定します。

・［Render Mode］＝ Single Pass Instanced

・［Depth Submission Mode］＝ Depth 16Bit

・［Interaction Profiles］欄右下の［＋］→次の3種の Profile を追加します。

　① Eye Gaze Interaction Profile

　② Microsoft Hand Interaction Profile

　③ Microsoft Motion Controller Profile

・［Hand Tracking］＝オン

・［Mixed Realty Features］＝オン

・［Motion Controller Mode］＝オン

　※この設定により、前項の「XR Plug-in Management」の警告は解除されます。

図1.3.10　OpenXRの設定（Windows MR）

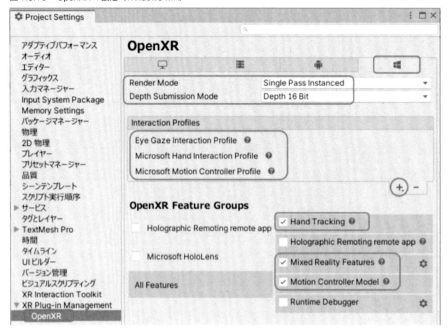

‖‖

《Note》「Mixed Reality Toolkit (MRTK)」について

　本書ではさまざまなヘッドセットに対応できるOpenXRによるアプリ開発を解説しています。一方、Windows MR規格対応のヘッドセットに対して、独自の開発支援ツール「Mixed Reality Toolkit（以下、MRTKという）」がMicrosoft社から提供されています。本書ではMRTKのヘッドセット固有の機能を使用せず、［Mixed Reality OpenXR Plugin］のみ使用します[4][5]。

‖‖

1.3.4　デバイスの設定

（1）パソコンの設定

　開発者モードを有効にします。

・Windows OSの［スタートボタン］→［設定］→［更新とセキュリティ］→［開発者向け］→［開発者モード］＝オン

（2）接続

　Winndows MRヘッドセットのケーブル（USBおよびHDMI端子）をパソコンに接続します。すると、専用アプリ「Mixed Realityポータル」が自動的に起動します。　※起動しない場合は、Windows OSのスタートメニューからアプリを起動してください。また、Windows MR付属のコントローラー

4.https://docs.microsoft.com/ja-jp/windows/mixed-reality/develop/unity/new-openxr-project-with-mrtk

5.https://docs.microsoft.com/ja-jp/windows/mixed-reality/develop/unity/new-openxr-project-without-mrtk

とパソコンをBluetoothにより接続します。

（3）ヘッドセットの動作確認

　次の動作確認を行ってください。

・ヘッドセットのモニターに画像が表示されているか

・ヘッドセットの動きと共に視野が変化するか（姿勢センサーが正しく動作するか）

・コントローラーが正しく動作するか

・ヘッドセットからサウンドは聞こえるか

　通常の使用方法（アプリ開発以外）ができていない場合は、あらためて正しくセットアップしてください。

1.4 VR空間の作成

1.4.1 シーンの設定

（1）シーンの作成

- 【メニューバー】→［ファイル］→［新しいシーン］→［Scene Templates in Project］にある［Basic (Built-in)］→［Create］
- 【メニューバー】→［ファイル］→［別名で保存］→［保存先フォルダー］＝ Assets/Scenes →［ファイル名］＝ SceneFirstVR →［保存］
- デフォルトで用意されている［SampleScene］は削除します。

（2）ライティング設定の作成

- 【プロジェクト】→［Assets］→［Scenes］→ このフォルダー内で右クリックしポップアップメニューを開く →［作成］→［ライティング設定］
- 作成されたファイルの名前［New Lighting Settings］を「VRLightingSettings」に変更
- 【インスペクター】→［自動生成］＝オン

図 1.4.1　ライティング設定

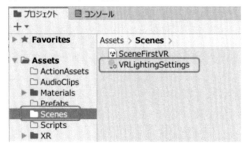

1.4.2 VR用カメラとコントローラーの設定

（1）XR Origin の作成

XR Interaction Toolkit にはヘッドセットやハンドコントローラーなどを管理するオブジェクト［XR Origin (Action-Based)］が用意されています。

- 【メニューバー】→［ゲームオブジェクト］→［XR］→［XR Origin (Action-based)］
- ［XR Origin］→【インスペクター】→［Transform］コンポーネント
  →［位置］＝(0, 0, 0)、［回転］＝(0, 0, 0)、［スケール］＝(1, 1, 1)　※この設定を忘れずに。特に指示がない場合も、オブジェクトの［Transform］の初期値はこれに準じます。

これにより、下図のとおりオブジェクト［XR Origin］が作成されます。その子として［Camera Offset］が用意されています。これは、床から視点までのY軸方向の距離を調整するオブジェクトです。さらにその子として、VR空間を見るプレイヤーの目に相当する［Main Camera］、コントローラーを制御する［LeftHand Controller]、［RightHand Controller］が用意されています。

また、自動的に【ヒエラルキー】のルートにあった［Main Camera］は削除され、［XR Interaction Manager］が追加されます。［XR Interaction Manager］の詳細については後述（★3.4.2）。

※Unityエディターの言語設定が「日本語」である場合、Directional Light、Main Cameraのオブジェクト名がカタカナ表記（「ディレクショナルライト」など）になることがあります。その場合は英語表記に修正してください。

図1.4.2　XR Originの作成

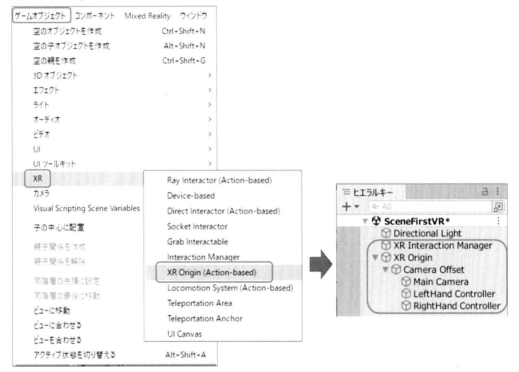

（2） XR Originの設定

このコンポーネントの設定項目を下表に示します。

表1.4.1 XR Originの設定項目

設定項目	説明
Origin Base GameObject	プレイヤーに相当するオブジェクト（通常XR Origin）
Camera Floor Offset Object	カメラ（プレイヤーの視点）の位置を調整するためのオブジェクト（通常Camera Offset）
Camera GameObject	カメラコンポーネントを有するオブジェクト（通常Main Camera）
Tracking Origin Mode	カメラの基準とする原点　　※設定値は次のとおり ・Device： 原点を最初に認識したカメラの位置とし、床からの高さを「Camera Y Offset」により定める ・Floor： 原点をVR空間の中心の床表面とする ・Not Specified： ヘッドセットのデフォルトの基準を使用する
Camera Y Offset	カメラの高さを指定する

　［XR Origin］コンポーネントの項目を次のとおり設定します。指定項目以外はデフォルトのままとします。

- 【ヒエラルキー】→［XR Origin］→【インスペクター】→［XR Origin］コンポーネント→［Tracking Origin Mode］＝Floor

図1.4.3 XR Originの設定

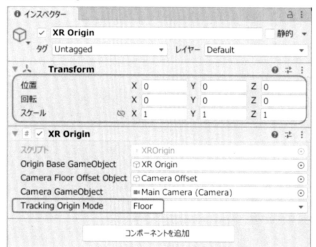

（3）コントローラーの設定

この段階では、コントローラーは使用しないために非アクティブとし、非表示にします。

- 【ヒエラルキー】→［XR Origin］の下位にある［LeftHand Controller］→【インスペクター】→オブジェクト名の左側の［チェックボックス］＝オフ（非アクティブ）
- 同様に［RightHand Controller］も非アクティブにします。

図1.4.4 コントローラーの設定

1.4.3　VR空間に配置するゲームオブジェクトの作成

　ここでは地面、メッセージを表示するパネルおよびつかむなどの操作対象となる立方体のオブジェクトを用意します。

（1）地面の作成

・【メニューバー】→［ゲームオブジェクト］→［3Dオブジェクト］→［キューブ］→【インスペクター】→［オブジェクト名］＝Ground
　※【インスペクター】の最上部の欄にはオブジェクト名が表示されており、名称変更も可能です。この欄にはラベルが付されていませんが、本書ではこの欄を［オブジェクト名］と呼びます。
・［Ground］の［Transform］コンポーネント →［位置］＝(0, -0.5, 0)、［回転］＝(0, 0, 0)、［スケール］＝(10, 1, 10)

図1.4.5　地面の作成

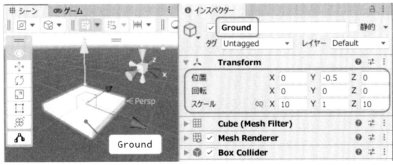

（2）キャンバスの作成

・【メニューバー】→［ゲームオブジェクト］→［XR］→[UI Canvas] ※自動的に［Event System］も追加されます。
　※注意：[UI]カテゴリーでなく、［XR］カテゴリーにある[UI Canvas]を使用します。［XR］の［Canvas］には［Tracked Device Graphic Raycaster］コンポーネントが、それに付属する［Event System］には［XR UI Input Module］コンポーネントがアタッチされています。

［Canvas］の［Rect Transform］コンポーネントの項目を次のとおり設定します。

- ［ピボット］＝ (0.5, 0.5)、［回転］＝ (0, 0, 0)、［スケール］＝ (0.05, 0.05, 0.05)
- ［位置］＝ (0, 1.7, 5)、［幅, 高さ］＝ (100, 60)

［Canvas］コンポーネントの項目を次のとおり設定します。指定項目以外はデフォルトのままとします。

- ［レンダーモード］＝ワールド空間
- ［イベントカメラ］＝ Main Camera

図 1.4.6　キャンバスの作成

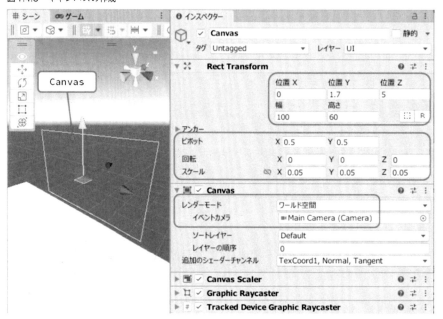

（3）パネルの作成

- 【メニューバー】→［ゲームオブジェクト］→［UI］→［パネル］

［Panel］の［Rect Transform］コンポーネントの項目を次のとおり設定します。

- ［アンカープリセット］＝ stretch-stretch
- ［ピボット］＝ (0.5, 0.5)、［回転］＝ (0, 0, 0)、［スケール］＝ (1, 1, 1)
- ［左、上、位置Z］＝ (0, 0, 0) →［右, 下］＝ (0, 0)
- ［Image］コンポーネント →［色］=(0.9, 0.9, 0.9, 1)　※ RGB0-1.0

図1.4.7　パネルの作成

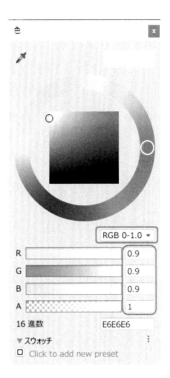

（4） テキストボックスの作成

パネルの子としてテキストボックスを作成します。

- 【メニューバー】→［ゲームオブジェクト］→［UI］→［テキスト-TextMeshPro］→【インスペクター】→［オブジェクト名］＝ Title に変更

  ※［TMP Importer］が表示された場合は［Import TMP Essentials］ボタンをクリックします。すると、Assets フォルダー下に「TextMesh Pro」フォルダーとテキスト関連のデータが追加されます。

- 【ヒエラルキー】にある［Title］を［Panel］へドラッグ＆ドロップして［Panel］の子に位置付けます（下図参照）。

［Title］の［Rect Transform］コンポーネントの項目を次のとおり設定します。

- ［アンカープリセット］＝center-middle
- ［ピボット］＝(0.5, 0.5)、［回転］＝(0, 0, 0)、［スケール］＝(0.2, 0.2, 0.2)
- ［位置］＝(0, 20, 0)、［幅, 高さ］＝(450, 50)

［Title］の［TextMeshPro-Text (UI)］コンポーネントの項目を次のとおり設定します。指定項目以外はデフォルトのままとします。

- ［Text Input］＝テキストに表示される文字列（ここでは「*** Unity VR Textbook *** （改行）SceneFirstVR」）を入力（下図参照）
- ［Font Size］＝適切なフォントサイズ（ここでは「20」）を設定

- ［Vertex Color］＝文字の色（ここでは黒色(0, 0, 0, 1)）を設定
- ［Alignment］＝ Left（左揃え）、Top（上揃え）
- ［Overflow］＝ Overflow

図1.4.8　テキストボックスの作成

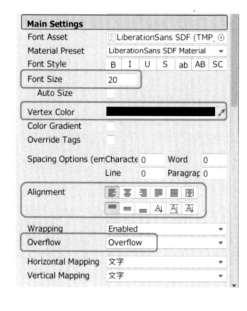

（5） 操作対象のオブジェクトの作成

　本書の演習にて、コントローラーを使ってオブジェクトを操作します。その対象となる立方体を作成します。

- 【メニューバー】→［ゲームオブジェクト］→［3Dオブジェクト］→［キューブ］
- ［Cube］の［Transform］コンポーネント →［位置］＝(0, 1, 3)、［回転］＝(0, 0, 0)、［スケール］＝(0.2, 0.2, 0.2)
- ［Cube］の［Mesh Renderer］コンポーネント →［Materials］の［要素0］の［◎］→［アセット］タブ→［Green］　※この色がない場合は★1.1.4(2)参照。

図1.4.9　操作対象のオブジェクト（立方体）の作成

（6）シーンの保存・配置されたオブジェクトの確認

シーンを上書き保存します。【メニューバー】→［ファイル］→［保存］

上記の作業により、VR空間に配置されたオブジェクトを下図に示します。

図1.4.10　VR空間に配置されたオブジェクト

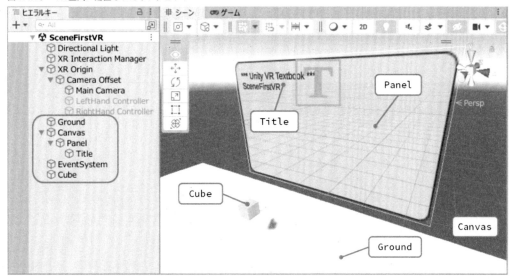

1.5 アプリの実行

1.5.1 ビルドの準備

（1）ビルド用フォルダーの作成

　ビルドで生成される実行ファイルを保存するフォルダーを作成します。 Windows OSで、フォルダー［UnityProjects\UnityVR］内に保存用フォルダーを作成し、適切な名前（ここでは「Apps」、Applicationsの略）を付けます。 ※複数のターゲットがある場合は、たとえば「AppsAndroid」、「AppsUWP」などとしてもよいでしょう。

```
ビルド用フォルダー：UnityProjects\UnityVR\Apps
```

（2）シーンを開く

　【メニューバー】→［ファイル］→［シーンを開く］→［SceneFirstVR］ ★1.4.1(1)

（3）企業名・プロダクト名の設定

　・【メニューバー】→［編集］→［プロジェクト設定］→［プレイヤー］→［企業名］＝適切な名前（たとえば「名前」＋「Company」として「SuzukiTaroCompany」などとします。本書では「MyCompany」）を入力→［プロダクト名］＝適切な名前（ここでは「FirstVR」）を入力　※これがアプリ名となります。

図1.5.1　企業名・プロダクト名の設定（FirstVR）

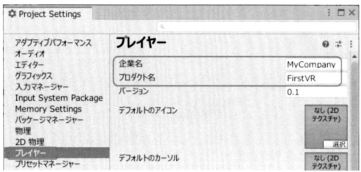

（4）ビルドするシーンの設定

　・【メニューバー】→［ファイル］→［ビルド設定］→［ビルドに含まれるシーン］欄にあるシーンをすべて削除→［ビルドに含まれるシーン］欄の下部にある［シーンを追加］→現在開いているシーン［SceneFirstVR］が登録されます。

図 1.5.2 ビルドするシーンの設定（SceneFirstVR）

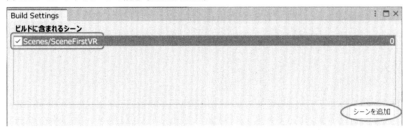

（5） プロジェクトの保存

【メニューバー】→［ファイル］→［プロジェクトを保存］

1.5.2　ビルド＆実行

（1） 接続

（a） Meta Quest2 の場合

　　ヘッドセットとパソコンを USB ケーブルで接続します。ヘッドセットの電源を入れると、起動時に「USB デバッグの許可」および「ファイルへのアクセスの許可」（★図 1.2.6）に関するダイアログが表示されます。いずれも許可してください。★1.2.3

（b） Windows MR の場合

　　ヘッドセットとパソコンを USB ＆ HDMI ケーブルで接続します。すると、専用アプリ「Mixed Reality ポータル」が自動的に起動します。起動しない場合は、Windows OS のスタートメニューからアプリを起動してください。

（2） ビルド＆実行

・【メニューバー】→［ファイル］→［ビルド設定］→［ビルドして実行］→フォルダー［UnityProjects/UnityVR/Apps］内で右クリックし、ポップアップメニューを開く→［新規作成］→［フォルダー］→［フォルダー名］＝適切なフォルダー名（本書では『App ＋プロダクト名』とし「AppFirstVR」）を入力→アプリの［保存先］＝UnityProjects/UnityVR/Apps/AppFirstVR→〔Meta Quest2 の場合：アプリの［ファイル名］＝適切なファイル名（本書ではプロダクト名と同じ名前「FirstVR.apk」）を入力→［保存］〕→ビルドされたアプリはヘッドセットに転送され、アプリが実行されます。ビルドにはやや長い時間がかかることがあります。

※ Meta Quest2 の場合、ビルドの際にダイアログ［No Android devices connected］が表示され、ビルドが中断されることがあります。再度「USB デバッグの許可」などを行い、ダイアログの［Retry］をクリックして、ビルドを再開してください。

（3） 実行結果

　下図のとおり、自作の VR 空間が表示され、頭部を動かすとその視点から VR 空間を望むことができます。この段階では、手に持ったコントローラーは表示されません。Windows MR の場合、アプリ

起動直後にアイトラッカーのアクセス許可を求めてきますが、本書の演習では使用しないため、［いいえ］を選択します。正しく動作しない場合は★1.5.2(4)参照。

　オブジェクト［Cube］は高さ1mの位置にあり、着席したプレイヤーの目の高さとほぼ同じです。目の高さが著しく異なる場合は、次のとおりヘッドセットの床の調整を行ってください。

・Meta Quest2の場合：　［Oculusボタン］→［メニュー］→［アプリ］→［Settings］→［ガーディアン］→［床の高さを設定］

・Windows MRの場合：　［Windowsボタン］→［メニュー］→［すべて］→［フロアの調整］

図1.5.3　SceneFirstVRの実行結果

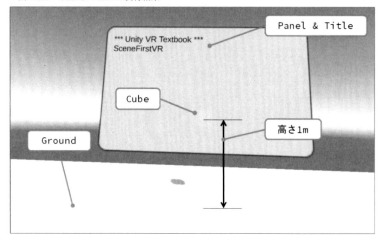

（4） 正しく動作しない場合のチェックポイント

　正しく動作しない場合は、次の点を確認・修正した上で、再度ビルド＆実行を行ってください。

（a）Meta Quest2の場合：　次のエラーメッセージが表示されるとき

　　　「CommandInvokationFailure: Unable to install APK to device. Please make sure the Android SDK is installed and is properly configured in the Editor. See the Console for more details.」

　　　ヘッドセット側にプロダクト名と同名のアプリがすでに存在していないか。右手部コントローラーの［Oculusボタン］→［アプリ］→［提供元不明］→登録されているアプリ名を確認→プロダクト名と同名のアプリを削除します。

（b）Windows MRの場合：　次のエラーメッセージが表示されるとき

　　　「FormatException: Index (zero based) must be greater than or equal to zero and less than the size of the argument list.」

　　　アプリの保存先フォルダー（ここでは［UnityProjects/UnityVR/Apps/Appプロダクト名］）内に、プロダクト名と同名のファイルおよびフォルダーがすでに存在していないか。念のため、このフォルダー（Appプロダクト名）内のファイルをすべて削除し、再度ビルドしてみましょう。

（c）Windows MRの場合：　次のエラーメッセージが表示されるとき

　　　「FormatException: Input string was not in a correct format.」

Windows OSの開発者モードが無効になっていないか。

Windows OSの［スタートボタン］→［設定］→［更新とセキュリティ］→［開発者向け］→［開発者モード］＝オン（開発者モードを有効にします。）

（d）シーンで作成したオブジェクトなどに間違いはないか。

（e）ビルドで失敗する場合、Unity プロジェクトのパスに全角文字が含まれていないか。また、パスが制限文字数を超えていないか。場合によっては、Unity プロジェクトを保存するフォルダー「UnityProjects」をなるべくルートディレクトリーに近い上位の階層に移すということも検討します。★1.1.2(1)

（f）ヘッドセット別設定に間違いはないか。★1.2、1.3

（g）パッケージの設定に間違いはないか。★1.1.3

（h）Unity エディターの設定に間違いはないか。★1.1.2

※第2章以降は下記の内容もチェックします。

（i）起動直後にアプリがすぐに終了する場合、フィールド displayMessage とテキストボックスとの関連付けに間違いはないか。

（j）実行時に表示される正面のパネルにエラーメッセージが表示される場合、スクリプトにある［SerializeField］属性のフィールドとオブジェクトなどとの関連付けに間違いはないか。

（k）コントローラーのトリガーなどの操作に応答しない場合

・［InputActionManager］の［Action Assets］→［要素0］＝InputActionsForVR が設定されているか。

・［XR Interaction Manager］がヒエラルキーに存在するか。★1.4.2(1)

・［XR Controller(Action-base)］の［Reference］などのアクションの登録に間違いはないか。

・アクションマップの作成内容に間違いはないか。

・オブジェクト［GrabbableCube］にコンポーネント［XR Grab Interactable］がアタッチされているか。★3.1.1(4)

（l）スクリプトをアタッチするオブジェクトに間違いはないか。

（m）スクリプトがテキストの指示どおりにコーディングされているか。特に「Interactor」と「Interactable」、「HoverEnterEventArgs」と「HoverExitEventArgs」などのスペルミス。

(5) 登録されたアプリ

ビルド＆実行によりヘッドセットに転送されたアプリは、次の場所に登録されます。

・Meta Quest2の場合：［Oculus ボタン］→［メニュー］→［アプリ］→ダイアログの右上にある［すべて］→［提供元不明］の中から登録済みアプリ（下図では「FirstVR」）を確認してください。

・Windows MRの場合：［Windows ボタン］→［メニュー］→ダイアログ右側にある［すべて］→［ピン止めアプリ］の中から登録済みアプリ（下図では「FirstVR」）を確認してください。※Windows MRでは、ビルド＆実行を行うたびに登録済みアプリは入れ代わります。

アプリを再実行するには、この登録済みアプリを選択し実行します。

図1.5.4　登録されたアプリ

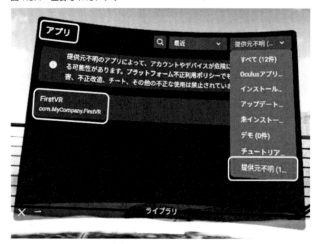

(a)Meta Quest2

(b)Windows MR

第2章　アクションマップとコントロール

●

2.1 アクションマップ

2.1.1 アクションマップのしくみ

多くのデバイスに対応したアプリを開発するには、それらのデバイス固有の操作機能を想定する必要があります。しかし、その個々の機能ごとにソフトウェアを開発していたら、たいへんな労力を伴うことになります。そこで、あらかじめ論理的な入力と物理的な入力とを関連付けたデータを用意し、スクリプトでは論理的な入力に対する処理を記述することにします。

たとえば、ゲームアプリにおいて「砲弾を発射する」、「オブジェクトを（前後左右に）動かす」という動作を行うものとします。このような動作を**インプットアクション**（Input Action）または単に**アクション**といい、ここではそれぞれ「Fire」、「Move」という任意な名前（識別子）を付けます。この2つのアクションに対して、デバイスXではそれぞれ「第1ボタンを押す」、「サムスティックを動かす」ものとし、デバイスYではそれぞれ「トリガーを引く」、「タッチパッドを動かす」ものとします。コントローラーのような入力機器を**インプットデバイス**（Input Device）」と呼び、「トリガーを引く」、「サムスティックを動かす」などのインプットデバイスの入力装置の操作（制御方法）を**インプットコントロール**（Input Control）または単に**コントロール**といいます。

下図のとおり、アクションとコントロールを関連付けておけば、スクリプトではインプットデバイスやコントロールの操作を意識せずに、アクションに対して処理を記述することができます。このようにアクションとコントロールを関連付ける作業を「**バインディング**（Binding）」、「**バインドする**」などといいます。

用途に応じていくつかのインプットアクションをまとめたものを**インプットアクションマップ**（Input Action Map）または単に**アクションマップ**といい、さらに1つ以上のアクションマップをまとめたものを**インプットアクションアセット**（Input Action Asset）といいます。

図2.1.1　アクションマップのしくみ

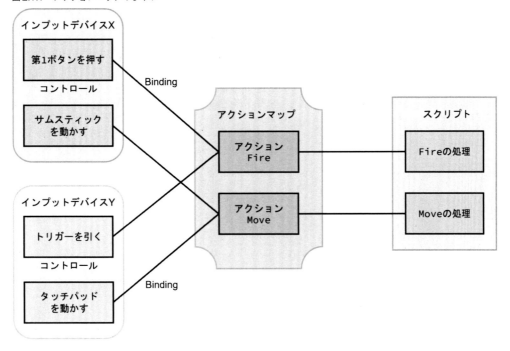

2.1.2　アクションマップの作成

アクションマップの詳細な説明を行う前に、まずはアクションとコントロールを具体的に関連付ける演習を行ってみましょう。

（1）シーンの作成
SceneFirstVRを複製して作成します。
- 【メニューバー】→［ファイル］→［シーンを開く］→フォルダー［Assets/Scenes］内の［SceneFirstVR］
- 【メニューバー】→［ファイル］→［別名で保存］→［保存先］＝Assets/Scenes→［ファイル名］＝SceneBasicControls→［保存］

（2）タイトルの修正
- 【ヒエラルキー】→［Canvas］→［Panel］→［Title］→【インスペクター】→［TextMeshPro-Text (UI)］コンポーネント→［Text Input］＝「*** Unity VR Textbook ***（改行）SceneBasicControls」に変更

図2.1.2 SceneBasicControls のタイトル

（3）インプットアクションアセットの作成

・【プロジェクト】→フォルダー［Assets/ActionAssets］を開き、そのフォルダー内で右クリックしポップアップメニューを開く→［作成］→ポップアップメニューの下部にある［Input Actions］

・作成されたインプットアクションアセットのファイル「New Controls」を適切な名前（ここでは「InputActionsForVR」）に変更

図2.1.3 インプットアクションアセットの作成

（4）アクションマップの作成

ここではオブジェクト［Cube］を操作するためのアクションマップを作成します。

・インプットアクションアセット［InputActionsForVR］をダブルクリックし、アクションエディターを開きます。

・［Action Maps］欄右上の［＋］→作成されたアクションマップ「New action map」をダブルクリックし、適切なアクションマップの名前（ここでは「CubeController」）に変更します。

（5）アクション「LiftUp」の作成

オブジェクトを持ち上げる高さを、右手部コントローラーのトリガーを引く量で制御するアクションを作成します。

（a）アクション名の設定：［Actions］欄にはアクションマップ生成時に自動的に作成された「New action」があります。（ない場合は［Actions］の［＋］により追加）→「New action」をダブルクリックし、適切なアクションの名前（ここでは「LiftUp」）に変更

（b）Action Type・Control Type の設定：［Action Properties］欄にある［アクション］の［Action Type］＝値、［Control Type］＝Axis　※Action Type および Control Type の詳細については後述。

★2.1.3

（c）バインディング

- ［Actions］欄にある［LiftUp］の［▶］→アクションマップ生成時にすでに自動的に作成されて
  いる［No Binding］をクリック（ない場合はアクション［LiftUp］の［＋］を押し、［Add Binding］
  により追加）
- 右側の［Binding Properties］欄の［Binding］にある［Path］の［▼］→コントロールピッカーウ
  インドウの［XR Controller］→上部にある［XR Controller (RightHand)］→［Optional Controls］
  →［trigger］　※これにより、アクション「LiftUp」に右手部コントローラーのトリガー（trigger
  ［RightHand XR Controller］）がバインドされます。

（d）インプットアクションアセットの保存：　アクションエディターの上部にある［Save Asset］
→アクションエディターを閉じます。

図2.1.4　アクションの設定

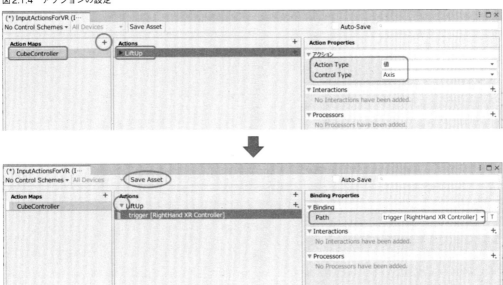

2.1.3　Action TypeとControl Type

（1）Action Type

　アクションに設定する属性「Action Type」は、そのアクション形態に応じて、次に示す3種類か
ら選択します。

（a）ボタン（Button）：　たとえば、砲弾を発射する、ジャンプするなど、オン・オフの2値で制御
　　できるアクションに適用します。

（b）値（Value）：　たとえば、移動する、力を加えるなど、量を制御するアクションに適用します。
　　複数のコントロールがアクションにバインドされている場合は、最も入力値が大きいコント
　　ロールを採用します。このように、どのコントロールがアクションを駆動しているかを決定

するプロセスを、Unityでは**曖昧さ回避**（Disambiguation）といいます。

（ｃ）Path Though：「値（Value）」と似ていますが、曖昧さ回避の処理を行わず、それぞれのコントロールの値が変化するたびに応答します。バインドされた複数のコントロールからのすべての入力値を処理する場合に適用します。

（2）Control Type

さらに、想定される入力値のデータ型に応じて、Integer（1次元の整数）、Axis（1次元の実数）、Vector2（2次元の実数）、Vector3（3次元の実数）、Quaternion（クォータニオン、四元数、3次元の回転情報）などを「Control Type」に設定します。

アクションの形態とそれに対応する「Action Type」および主な「Control Type」を下表に示します。なお、アクション形態にある「振動」はデバイスに内蔵されている振動装置を起動させ、人体へ振動を伝える機能です。VRでは、デバイスの振動をHaptic（触覚）として利用します。

表2.1.1　Action Type と Control Type

アクション形態	Action Type	Control Type	入力値のデータ型	バインドするコントロールの例
発射、ジャンプなど	ボタン	―	1 or 0 の実数	ボタン、キーなど
移動・回転など	値 または、 Path Through	Integer	1次元の整数	追跡状態感知センサーなど
		Axis	1次元の実数	トリガー、グリップなど
		Vector2	2次元の実数	スティック、矢印キーなど
		Vector3	3次元の実数	ヘッドセットの位置センサーなど
		Quaternion	四元数（3次元回転情報）	ヘッドセットの姿勢センサーなど
振動		Haptic	―	コントローラーの振動発生装置

2.1.4　デバイスレイアウトとコントロール

OpenXRパッケージでは、それぞれのデバイスに対してコントロールの名前を定義した**デバイスレイアウト**（Device Layouts）と呼ばれるデータが用意されています。バインドする際にはこのコントロールの名前を使用します。下表に各デバイスに対応したデバイスレイアウトを示します。なお、表中の「HMD」とは「Head Mounted Display」の略称です。

表2.1.2　各デバイスに対応するデバイスレイアウト

デバイス	デバイスレイアウト	説明
Generic XR controller	<XRController>	汎用（手部コントローラー）
Generic XR HMD	<XRHMD>	汎用（頭部〔眼部〕）
Quest2, Quest, Rift	<OculusTouchController>	OculusTouchControllerProfile
Eye Gaze Interaction	<EyeGaze>	EyeGazeInteractionProfile
Microsoft Hand Interaction	<HololensHand>	MicrosoftHandInteractionProfile
Windows Mixed Reality controller	<WMRSpatialController>	MicrosoftMotionControllerProfile
HTC Vive controller	<ViveController>	HTC Vive Controller Profile
Valve Index controller	<ValveIndexController>	ValveIndexControllerProfile
Khronos Simple Controller	<KHRSimpleController>	KHRSimpleControllerProfile

　本書で扱うヘッドセット「Meta Quest2」および「Windows MR」に対応するデバイスレイアウト
は、それぞれ<OculusTouchController>、<WMRSpatialController>、または汎用の<XRController>、
<XRHMD>となります。
　これらのデバイスレイアウトで定義されている主なコントールを下表に示します。

表2.1.3　主な操作と対応するコントール

操作	Action Type/ Control Type	コントロール		
		<XR Controller>	<OculusTouch Controller>	<WMRSpatial Controller>
メニューボタンを押す	ボタン	menu	menu(Left Hand Only)	menu
第1スティックを動かす	値/Vector2	primary2DAxis thumbstick joystick	tumbstick	joystick
第1スティックを押す	ボタン	thumbstickClicked joystickClicked	thumbstickClicked	joystickClicked
第1スティックに触れる	ボタン	thumbstickTouched	thumbstickTouched	――――
トリガーを動かす	値/Axis	trigger	trigger	trigger
トリガーを押す	ボタン	triggerPressed	triggerPressed	triggerPressed
トリガーに触れる	ボタン	triggerTouched	triggerTouched	――――
グリップを動かす	値/Axis	grip	grip	grip
グリップを押す	ボタン	gripPressed	gripPressed	gripPressed
第1ボタンを押す	ボタン	primaryButton	primaryButton(A/X)	――――
第1ボタンに触れる	ボタン	primaryTouched	primaryTouched	――――
第2ボタンを押す	ボタン	secondaryButton	secondaryButton(B/Y)	――――
第2ボタンに触れる	ボタン	secondaryTouched	secondaryTouched	――――
タッチパッドを動かす	値/Vector2	touchpad	――――	touchpad
タッチパッドを押す	ボタン	touchpadClicked	――――	touchpadClicked
タッチパッドに触れる	ボタン	touchpadTouched	――――	touchpadTouched

マニュアルでは、デバイスに最も適したデバイスレイアウトの選択が推奨されています。本書においては、デバイスごとに記載することは紙面の都合上困難であるため、汎用のデバイスレイアウト<XR Controller> および <XR HMD> のコントロール名を使用することにします。なお、本書で作成した汎用デバイスレイアウトを使用したアクションマップは、2種類のヘッドセット（Meta Quest2 および Windows MR である Acer AH101）で正しく動作することを検証しています。

‖‖‖
《Note》汎用デバイスレイアウトのコントロールはどのように動作するのか
　汎用のコントロール名の場合、システムがこのコントロール名を元に、実装されているデバイスのコントロールとのマッチングを自動的に行い、解決したコントロールを使用します。たとえば、<XR Controller> のコントロール「primary2DAxis」をバインドすると、システムは実際に接続されているデバイスのコントロールとのマッチングを試みて、デバイスが Meta Quest2 であるならば、<OculusTouchController> のコントロール「thumbstick」をマッチングさせて解決します。
‖‖‖

　頭部に装着したヘッドセットおよび手部に持ったコントローラーのセンサーにより、頭部と左右の手部の位置・回転（向き）を得ることができます。　※正確には、頭部とは VR 空間を見る両眼の中点のことであり、手部とはコントローラーから投射されるポインター（レーザーのような光線）の投射部のことです。
　追跡情報とは、位置・回転を更新する際に、センサーがデバイスを追跡している状態を識別するためのものです。
　頭部および手部に関する Action Type、Control Type およびコントロールを下表に示します。なお、表内のコントロールの名前は、汎用的なデバイスレイアウトである <XR HMD> および <XR Controller> で定義されているものです。

表2.1.4　頭部・手部に関するコントロール

操作	Action Type/ Control Type	コントロール
頭部の位置	値/Vector3	centerEyePosition
頭部の回転（向き）	値/Quaternion	centerEyeRotation
手部の位置	値/Vector3	pointerPosition
手部の回転（向き）	値/Quaternion	pointerRotation
手部の追跡情報	値/Integer	trackingState
手部の振動	値/Haptic	haptic

※デバイスレイアウトは<XRHMD>、<XRController>

　コントロールは、デバイスレイアウトによりコントロールの名前が定義されており、インプットデバイスをルートとした階層構造で管理されています。その階層構造をファイルシステムのパスのように表現したものを**コントロールパス**（Control Path）といいます。その主な書式を次に示します。

＜コントロールパス＞

●書式

<デバイスレイアウト名> 〔{使用法}〕/コントロール名 〔/軸名〕
　　※デバイスレイアウト名は表2.1.2参照、使用法は{RightHand}など、
　　　コントロール名は表2.1.3参照、軸名はx、yなど

●例

<OculusTouchController>/gripPressed
<WMRSpatialController>{RightHand}/touchpad
<XRController>{RightHand}/primary2DAxis/y

　書式のとおりデバイスレイアウト名とコントロール名をフォワードスラッシュ「/」で区切ったパスで表現すると、特定のコントロールを指定することができます。また、オプションの使用法を追記すると、左右のコントローラーを区別して指定することができます。オプションの軸名を追記すると、サムスティックなどの特定の軸方向（この例では「Y軸」）を指定することができます。コントロールパスでは大文字と小文字は区別しません。

　ところで、アクションエディターのPath欄には、下図のとおりコントロールパス形式で表示されていません。コントロールパス形式で表示させるには、Path欄の右端の［T］をクリックします。なお、この表示状態のときは、パスを直接キーボードにより入力・修正することができます。書式で示した「軸名」は、この表示状態で追加することができます。再度［T］をクリックすると、元の表記に戻ります。

図2.1.5　コントロールパス形式の表示方法

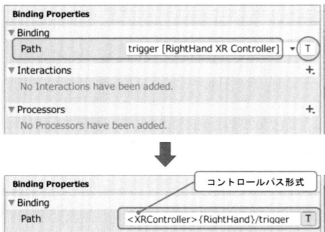

《Note》アクションエディターにおけるデバイスレイアウトの表示名

アクションエディターの Binding の Path 欄に表示されるデバイスレイアウトの選択肢名は、正式のデバイスレイアウトの名前ではなく、次のように表示されています。

・<OculusTouchController> の表示名：「Oculus Touch Controller (OpenXR)」

・<WMRSpatialController> の表示名：「Windows MR Controller (OpenXR)」

正式のデバイスレイアウト名を確認したい場合は、Path 欄の右端の［T］をクリックし、コントロールパス形式で表示します。たとえば、「touchpad [RightHand Windows MR Controller (OpenXR)]」と表示されていたものは、「<WMRSpatialController>{RightHand}/touchpad」と正式なデバイスレイアウト名で表示されます。

||||||||||||||||||||||||||||||||||||||||||||||||||||||||||||||||||||||||||||||||||||||||||||||||||||||||||||||||||||||||||||||||

2.1.5　アクションの追加

アクション［LiftUp］の他にも、オブジェクト［Cube］を操作するためのアクションを追加しましょう。

（1）アクションエディターを開く

・【プロジェクト】→ フォルダー［Assets/ActionAssets］→ インプットアクションアセット［InputActionsForVR］をダブルクリックし、アクションエディターを開きます。

・アクションマップ［CubeController］を選択します。

（2）アクション「ChangeColor」の作成

グリップを押すとオブジェクトの色が変化するアクションを作成します。

・［Actions］欄右上の［＋］→ 追加されたアクションを適切な名前（ここでは「ChangeColor」）に変更

・［Action Type］＝ボタン

・［Actions］欄にある［ChangeColor］の［▶］→ アクション生成時にすでに自動的に作成されている［No Binding］をクリック（ない場合はアクション［ChangeColor］の［＋］を押し、［Add Binding］により追加）

・右側の［Binding Properties］欄の［Binding］にある［Path］の［▼］→ コントロールピッカーウインドウの［XR Controller］→ 上部にある［XR Controller (RightHand)］→［Optional Controls］→［gripPressed］　※これにより、アクション［ChangeColor］にコントロール「gripPressed [RightHand XR Controller]」がバインドされます。

図2.1.6　アクション「ChangeColor」の作成

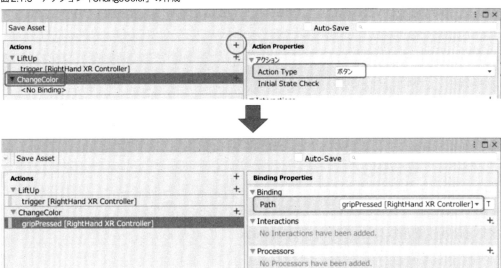

(3) アクション「Move」の作成

サムスティックでオブジェクトを前後左右に動かすアクションを作成します。

- ［アクション］＝Move
- ［Action Type］＝値、［Control Type］＝Vector2
- ［Path］＝primary2DAxis [RightHand XR Controller]

図2.1.7　アクション「Move」の作成

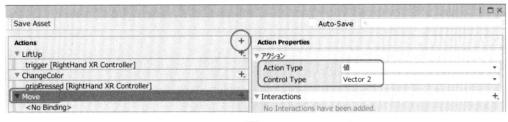

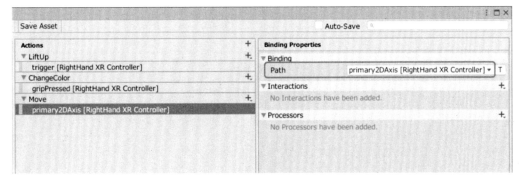

2.1.6 頭部のアクションマップの作成

（1）頭部のアクションマップ作成

さらに下表および下図を参照し、頭部のアクションマップも作成します。★2.1.2～2.1.4

表2.1.5　アクションマップ「Head」のBinding情報

アクションマップ	アクション	Action Type/ Control Type	コントロール
Head	Position	値/Vector3	centerEyePosition [XR HMD]
	Rotation	値/Quaternion	centerEyeRotation [XR HMD]

図2.1.8　アクションマップ「Head」の作成

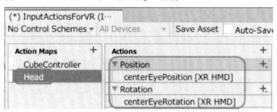

（2）インプットアクションアセットの保存

すべての設定を終えたら設定内容を確認後、アクションエディターの上部にある［Save Asset］を
クリックして保存 → アクションエディターを閉じます。

（3）アクションの適用

頭部のアクションマップ「Head」のアクションをプレイヤーの頭部に相当する［Main Camera］
に適用します。

・［SceneBasicControls］を開きます。

［XR Origin］の下位階層にある［Main Camera］の［Tracked Pose Driver］コンポーネントの項目
を次のとおり設定します。

・［Position Input］の［Use Reference］＝オン
・［Reference］の右端の［◎］→［Select InputActionReference］の［アセット］タブ →［Head/Position］
・同様に、［Rotation Input］に次のアクションを適用します。［Reference］＝［Head/Rotation］

図2.1.9　アクションマップ「Head」の適用

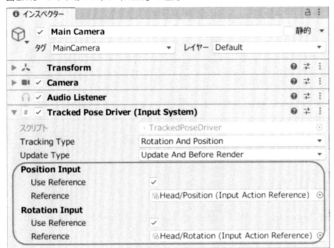

IIIIIIIIIIIIIIIIIIIIIIIIIIIIIIIIIIIIIIIIIIIIIIIIIIIIIIIIIIIIIIIIIIIIIIIIIIIIIIIIIIIIIIIIIIIIIIIIIIIIIIIIIIIIIIIIIIIIIIIIIIIIIIIIIIIIII

《Note》インラインのアクション定義について

　アクションを利用するいくつかのコンポーネントには、下図のようにアクションマップを使用せずに、［Input Action］欄の［＋］により直接コントロールをバインドする機能（インラインのアクション定義）があります。しかし、マニュアルでは原則この機能は避け、前述のとおりあらかじめアクションマップを定義し、［Use Reference］＝オンに設定してバインドすることを推奨しています。

図2.1.10　インラインのアクション定義

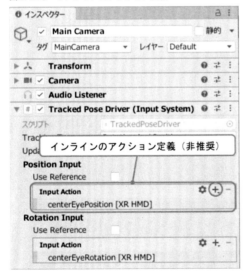

IIIIIIIIIIIIIIIIIIIIIIIIIIIIIIIIIIIIIIIIIIIIIIIIIIIIIIIIIIIIIIIIIIIIIIIIIIIIIIIIIIIIIIIIIIIIIIIIIIIIIIIIIIIIIIIIIIIIIIIIIIIIIIIIIIIIII

2.1.7　Input Action Managerの設定

アクションマップを有効にするために、コンポーネント［Input Action Manager］を設定します。

（1）コンポーネントの追加

・【メニューバー】→［ゲームオブジェクト］→［空のオブジェクトを作成］→【インスペクター】
　→［オブジェクト名］＝ InputActionManager に変更

・［InputActionManager］→【インスペクター】→［コンポーネントを追加］→［検索欄］＝ Input
　→候補リストから［Input Action Manager］を選択

（2）インプットアクションアセットの設定

・［Input Action Manager］コンポーネント →［Action Assets］の［＋］→［要素0］の［◎］→［ア
　セット］タブ→［InputActionsForVR］

図 2.1.11　Input Action Manager の設定

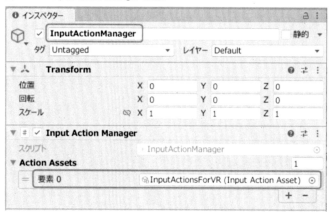

（3）シーンの保存

シーンを上書き保存します。【メニューバー】→［ファイル］→［保存］

2.2 アクションに関する命令と処理例

2.2.1 アクションに関する情報

スクリプトにより、アクションのさまざまな情報を得ることができます。これによりアクションの発生時にそれに応じた処理を行うことができます。

＜アクションを得る＞

●書式

アクション参照名.action
　　　※アクション参照名は任意の名前でInputActionReference型、戻り値はInputAction型

●例

```
using UnityEngine.InputSystem;
 (中略)
    [SerializeField] InputActionReference hapticActionReference;
 (中略)
    var hapticAction = hapticActionReference.action;
```

書式のとおりアクション参照（InputActionReference型）のプロパティactionを使うと、アクション（InputAction型）を得ることができます。なお、これらのアクション関連の命令を使うには、例のとおりあらかじめusingディレクティブで「UnityEngine.InputSystem」を宣言する必要があります。

＜アクションを有効／無効にする＞

●書式1

アクション名.Enable()　　　※アクション名は任意の名前でInputAction型

●書式2

アクション名.Disable()

●例

```
hapticAaction.Enable();
```

書式1のとおりメソッドEnableを使うと、アクションを有効にすることができます。有効になったアクションは、アクションにバインドされたコントロールを監視するようになります。書式2の

とおりDisableを使うと、アクションを無効にすることができます。

＜アクションから情報を得る＞

●書式
アクション名.プロパティ名
　　※アクション名は任意の名前でInputAction型、プロパティ名と戻り値は下表参照

　書式のとおりアクション（InputAction型）のプロパティを使うと、アクションに関するさまざまな情報を得ることができます。その主なプロパティと使用例を下表に示します。

表2.2.1　アクションの主なプロパティ

プロパティ	説明
enabled	アクションが有効であるか否か　　　※戻り値はbool型 例：action.enabled
controls	アクションにバインドされているコントロールの配列 ※戻り値はReadOnlyArray<InputControl> 例：control = action.controls[0];
controls.Count	アクションにバインドされているコントロールの数　　※戻り値はint型 例：if (action.controls.Count > 0) { 処理 }
actionMap	アクションが属しているアクションマップ　　※戻り値はInputActionMap型 例：if (action.actionMap == currMap) { 処理 }
name	アクション名　　※戻り値はstring型 例：message = $"name:{action.name}"
type	アクションのAction Type ※戻り値は列挙型InputAcionType型（Value or Button or PassThrough） 例：if (action.type == InputActionType.Button) { 処理 };
expectedControlType	アクションのControl Type　　　※戻り値はstring型("Axis"など) 例：message = $"Control Type:{action.expectedControlType}"
phase	アクションの現在の状態（待ち→開始→実行中→キャンセルの遷移を表す） ※戻り値は列挙型InputActionPhase型（★表2.2.2参照） 例：if (action.phase == InputActionPhase.Waiting) { 処理 }
triggered	現在のフレーム内にて、アクションが起動されたか否か　　　※戻り値はbool型 例：if (action.triggered) { 処理 }
activeControl	現在のアクションに対応し、実際に駆動しているコントロール ※戻り値はInputControl型（phaseがWaiting or Canceledの場合はNull） 例：if (action.activeControl != null) { 処理 }
activeControl.device	コントロールが属しているインプットデバイス　　　※戻り値はInputDevice型 例：device = action.activeControl?.device;

※例の変数actionはInputAction型

　プロパティphaseの戻り値は、列挙型InputActionPhaseで、下表のとおりアクションの局面（状態）を表します。

表2.2.2　列挙型InputActionPhaseの列挙子

列挙子	説明
Disabled	アクションが無効になっているとき
Waiting	アクションは有効だが、入力を待っているとき
Started	アクションが入力を受け取り始めたとき（コントロールがデフォルト値でなくなったとき）
Performed	コントロールの値が変化しているとき（ボタンの場合はしきい値を超えたとき）
Canceled	アクションが入力を停止したとき（コントロールがデフォルト値になったとき）、またはアクションが無効化されたとき

　たとえば、サムスティックに関連付けられているアクションの場合、サムスティックの元の位置（デフォルトの値）から傾き始めたとき、phaseはStartedになり、その直後Performedに遷移します。そしてサムスティックを離して元の位置（デフォルトの値）になったときにCanceledとなり、その後Waitingに遷移します。　※ただし、Pass Throughのアクションのphaseは、Startedを経由せず、Performedに遷移します。

2.2.2　イベントに関する処理

　phaseが表すStarted、Performed、Canceledに対応したイベントリスナーを設定することができます。**イベントリスナー**（event listener）とは、イベントが発生したときに呼ばれるメソッドのことです。

＜イベントリスナーを登録／解除する＞

●書式1
アクション名.started += イベントリスナー名;
　　※アクション名は任意の名前でInputAction型、
　　　イベントリスナー名は任意の名前で、その定義は書式5参照

●書式2
アクション名.performed += イベントリスナー名;

●書式3
アクション名.canceled += イベントリスナー名;

●書式4
アクション名.started -= イベントリスナー名;
　　※performed、canceledについても、この書式に準じる

●書式5
void イベントリスナー名(InputAction.CallbackContext 引数名) { 処理 }

※イベントリスナー名および引数名は任意の名前

●例1
```
void Enable()
{
    action.started += OnActionStarted;
    action.performed += OnActionPerformed;
    action.canceled += OnActionCanceled;
}
void OnActionStarted(InputAction.CallbackContext ctx) { 処理 }
void OnActionPerformed(InputAction.CallbackContext ctx) { 処理 }
void OnActionCanceled(InputAction.CallbackContext ctx) { 処理 }
```

●例2
```
action.performed +=
    ctx =>
    {
        処理
    };
```

　書式1のとおりstartedおよび代入演算子「+=」を使うと、アクションのphaseがstartedになった
ときに呼び出されるイベントリスナーを登録することができます。このイベントリスナーに渡され
る引数は構造体InputAction.CallbackContext型です。この引数からアクションに関するさまざまな
情報を得ることができます（詳細は後述）。同様に、書式2、3はそれぞれperformed、canceledの
場合を示します。また、書式4のとおりstartedおよび代入演算子「-=」を使うと、書式1で登録し
たイベントリスナーを解除することができます。performed、canceledについても、この書式に準
じます。イベントリスナーは書式5に従い定義します。引数の型はInputAction.CallbackContext型
で、引数名は任意の名前です。

　例1のとおり、started、performedおよびcanceledに応じたイベントリスナーを設定することがで
きます。また、例2はラムダ式を用いたイベントリスナーの記述方法を示したものです。

＜イベントリスナーの引数からアクションを得る＞

●書式
引数名.action　　※引数名はInputAction.CallbackContext型、戻り値はInputAction型

●例
```
void OnActionPerformed(InputAction.CallbackContext ctx)
{
    var name = ctx.action.name;
```

```
    （中略）
  }
```

　書式のとおりイベントリスナーの引数（InputAction.CallbackContext型）のプロパティ action を使うと、アクション（InputAction型）を得ることができます。

2.2.3　アクションの入力値

　スクリプトによりアクションの入力値を得ることができます。

＜アクションの入力値を得る＞

●書式1
```
アクション名.ReadValue<データ型名>()
```
　　※アクション名は InputAction 型、データ型名はアクションの Control Type に応じた型（下表参照）、
　　　戻り値は指定したデータ型

●書式2
```
イベントリスナーの引数名.ReadValue<データ型名>()
```
　　※イベントリスナーの引数名は InputAction.CallbackContext 型

●書式3
```
アクション名.IsPressed();　　※戻り値は bool 型
```

●書式4
```
イベントリスナーの引数名.ReadValueAsButton();　　　※戻り値は bool 型
```

●例1
```
void Update()
{
    var liftUpValue = action.ReadValue<float>();
    （中略）
}
```

●例2
```
void OnActionPerformed(InputAction.CallbackContext ctx)
{
    var moveValue = ctx.ReadValue<Vector2>();
     （中略）
}
```

●例3

```
if (action.IsPressed()) { 処理 }
```

●例4

```
if (ctx.ReadValueAsButton()) { 処理 }
```

　書式1のとおりメソッド ReadValue を使うと、アクションにバインドされたコントロール（トリガー、サムスティック、ボタンなど）からの入力値を得ることができます。データ型は下表のとおりアクションの Action Type、Control Type に応じたデータ型を指定します。また、書式2のとおりイベントリスナーの引数から書式1同様に入力値を得ることができます。そして、書式3、4のとおりメソッド IsPressed あるいは ReadValueAsButton を使うと、押されている状態に応じた bool 型の入力値を得ることができます。「押された」とみなされたとき true、そうでない場合は false を返します。　※正確な動作については、下記《Note》を参照。

表2.2.3　入力される値のデータ型

Action Type	Control Type	データ型
ボタン	—	float
値 または、 Path Through	Integer	int
	Axis	float
	Vector2	Vector2
	Vector3	Vector3
	Quaternion	Quaternion

||||||||||||||||||||||||||||||||||||||||||||||||||||||||||||||||||||||||||||||||||||||||||||||||||||

《Note》ボタンのしきい値について

　メソッド IsPressed は、defaultButtonPressPoint（ボタン押下しきい値、デフォルト値0.5）を超えたとき true を返し、buttonReleaseThreshold（リリースしきい値、デフォルト値0.75）で指定した値とボタン押下しきい値の積の値（0.5 × 0.75 = 0.375）以下になったとき false を返します。defaultButtonPressPoint、buttonReleaseThreshold の値は、次の設定箇所で確認・変更できます。

【メニューバー】→［編集］→［プロジェクト設定］→［Input System Package］

　一方、メソッド ReadValueAsButton は defaultButtonPressPoint 以上ならば true を返し、そうでなければ false を返します。

||||||||||||||||||||||||||||||||||||||||||||||||||||||||||||||||||||||||||||||||||||||||||||||||||||

2.2.4 デバイスの振動（Haptic）

スクリプトによりデバイスを振動させることができます。

＜デバイスを振動させる＞

●書式
```
OpenXRInput.SendHapticImpulse(アクション名, 振動強度, 持続時間, デバイス名);
    ※アクション名は任意の名前でInputAction型、振動強度はfloat型（範囲：0～1）、
      持続時間はfloat型（単位：秒）、デバイス名はInputDevice型
```

●例
```
using UnityEngine.XR.OpenXR.Input;
（中略）
      hapticAction = hapticActionReference.action
（中略）
    void UpdateValue(InputAction.CallbackContext ctx)
    {
        var intensity = 1f;
        var duration = 0.5f;
        var device = ctx.action.activeControl.device;
        OpenXRInput.SendHapticImpulse(hapticAction, intensity, duration, device);
```

　書式のとおりメソッドOpenXRInput.SendHapticImpulseを使うと、アクション（InputAction型、Control Type＝Haptic）が生じたとき、振動させるための信号をデバイス（InputDevice型、コントローラーなど）へ送信し、そのデバイスを振動させることができます。振動強度はfloat型で、その設定値は0～1の範囲です。持続時間はfloat型で、その単位は秒です。なお、メソッドSendHapticImpulseを使うには、例のとおりあらかじめusingディレクティブで「UnityEngine.XR.OpenXR.Input」を宣言する必要があります。

2.3 サンプルスクリプト (ActionToControl)

2.3.1 処理の概要

　このサンプルスクリプトでは、次の処理を行います。アクション［LiftUp］が起動したとき、そのアクションの操作に応じてオブジェクト［Cube］を持ち上げます。また、その高さをパネルに表示します。

　なお、Unityエディターでフィールドに必要なオブジェクトなどが関連付けられていない場合は、パネルにエラーメッセージを表示します。また、パネルにエラーメッセージを表示するためのテキストボックスが関連付けられていない場合は、アプリを強制終了します。

図2.3.1　処理の概要（ActionToControl）

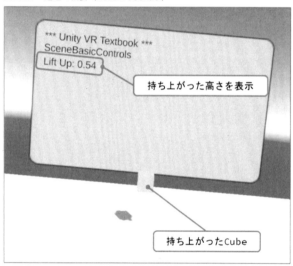

2.3.2 シーンの設定

（1）シーンを開く

　先に作成した［SceneBasicControls］を開きます。★2.1.2 (1)

（2）テキストボックスの作成

　すでにあるテキストボックス［Title］を複製して作成します。

- 【ヒエラルキー】→［Canvas］→［Panel］→［Title］を選択し、**Ctrl**＋**D**キー（複製）を押す→【インスペクター】→［オブジェクト名］＝Massage1 に変更
- ［Massage1］の［Rect Transform］コンポーネント→［位置］＝(0, 10, 0)、［回転］＝(0, 0, 0)、［ス

ケール］＝(1, 1, 1)

- ［TextMeshPro-Text (UI)］コンポーネント →［Text Input］＝空欄　※他の設定値はデフォルトのまま。
- Message2〜4の作成：　上記同様に［Massage1］を複製し、下表の設定に従い、オブジェクトMessage2〜4を作成します。

表2.3.1　テキストボックスの作成

オブジェクト名	位置	Text Input
Title	(0, 20, 0)	*** Unity VR Textbook *** SceneBasicControls
Message1	(0, 10, 0)	（空欄）
Message2	(0, 0, 0)	（空欄）
Message3	(0, -10, 0)	（空欄）
Message4	(0, -20, 0)	（空欄）

(3) オブジェクト［Cube］の位置修正

［Cube］を［Ground］の上に置きます。

- 【ヒエラルキー】→［Cube］→【インスペクター】→［Transform］コンポーネント →［位置］＝(0, 0.1, 3)

(4) スクリプトをアタッチするためのゲームオブジェクトの作成

- 【メニューバー】→［ゲームオブジェクト］→［空のオブジェクトを作成］→【インスペクター】→［オブジェクト名］＝CubeController に変更

図2.3.2　SceneBasicControls のヒエラルキーと［Cube］の［Transform］コンポーネント

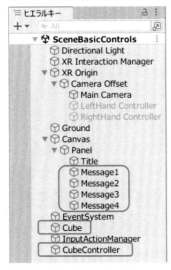
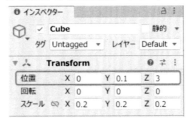

(5) シーンの保存

シーンを上書き保存します。【メニューバー】→［ファイル］→［保存］

2.3.3 ソースコードおよび解説（LibraryForVRTextbook）

（1）処理の概要

　まず、エラーメッセージ作成などに使用するためのファイル名やメソッド名を取得するメソッドを作成します。これは第3章以降のサンプルスクリプトでも利用できるようにライブラリーにしておきます。

（2）スクリプトファイルの作成
- 【プロジェクト】→ フォルダー［Assets/Scripts］を開く → そのフォルダー内で右クリックしポップアップメニューを開く →［作成］→［C#スクリプト］→ 作成されたファイルの名前を「LibraryForVRTextbook」に変更 → スクリプトファイル名をダブルクリックし、Visual Studioを起動します。

（3）ソースコードおよび解説

　下記のサンプルスクリプトをコーディングしましょう。なお、サンプルスクリプト内の「##>」は、1行の文が長く紙面に収まらないため、改行して表記しています。実際に入力する際は「##>」を入力せず改行しないで1行で書いてください。以下同様。

● LibraryForVRTextbook

```
01  using System.IO;
02  using System.Runtime.CompilerServices;
03
04  namespace UnityVR
05  {
06    public class LibraryForVRTextbook
07    {
08      public static string GetSourceFileName
          ##> ([CallerFilePath] string sourceFilePath = "")
09        => Path.GetFileName(sourceFilePath.Replace(@"\", "/"));
10
11      public static string GetCallerMember
          ##> ([CallerMemberName] string memberName = "")
12        => memberName;
13    }
14  }
```

- 06行目　クラスLibraryForVRTextbookは静的メソッドをまとめたライブラリーとして扱います。
- 08〜09行目　静的メソッドGetSourceFileNameは、自身を呼んだ元のソースファイルの名前を取得

します。

・11〜12行目　静的メソッド GetCallerMember は、自身を呼んだ元のメソッド名を取得します。

（4）ソースコードの確認と保存

　コーディング完了後、エラーメッセージ・警告を確認し、入力ミスなどがあれば修正します。その後、スクリプトファイルを上書き保存します。なお、スクリプトエディターの設定により、軽微な問題点を指摘する警告が表示されることがあります。以下同様。

2.3.4　ソースコードおよび解説（ActionToControl）

（1）処理の概要

　アクションを扱うために、まず基底クラス ActionToControl を作成し、イベント started、performed および canceled に応じたイベントリスナーを仮想メソッドとして定義します。そして、その派生クラス ActionToAxisForLiftUp にて、オブジェクトを持ち上げるアクション［LiftUp］に関する具体的な処理を仮想メソッドとしてオーバーライドします。

（2）基底クラスのスクリプトファイルの作成

　フォルダー［Assets/Scripts］内にスクリプトファイル「ActionToControl」を作成します。

（3）ソースコードおよび解説

　下記のサンプルスクリプトをコーディングしましょう。

● ActionToControl（その1）

```
01  using UnityEngine;
02  using UnityEngine.InputSystem;
03  using TMPro;
04
05  namespace UnityVR
06  {
07    public class ActionToControl : MonoBehaviour
08    {
09      [SerializeField] protected TextMeshProUGUI displayMessage;
10      [SerializeField] InputActionReference actionReference;
11
12      protected bool isReady = true;
13      protected string errorMessage;
14      InputAction action;
15
```

・07行目　基底クラスの名前を「ActionToControl」とします。

- 09～10行目　エラーメッセージや処理の表示内容を格納するために、[SerializeField] 属性のフィールド displayMessage を宣言します。スクリプトをアタッチ後に Unity エディターによりフィールド displayMessage とテキストボックス［Message1］（または［Message2～4］）を関連付けます。次に、アクション［LiftUp］、［ChangeColor］などを格納するために、フィールド actionReference を宣言します。★ 2.3.6 (2)
- 12行目　このクラスおよび派生クラスの処理に必要なコンポーネントなどの前準備ができているか否かを表すフラグ isReady（bool 型）を定義します。

● ActionToControl（その2）

```
16        void Awake()
17        {
18          if (displayMessage is null) { Application.Quit(); }
19
20          if (actionReference is null
21            || (action = actionReference.action) is null)
22          {
23            isReady = false;
24            errorMessage = "#actionReference";
25          }
26        }
27
```

- 18行目　フィールド message の設定値に不備がある場合は、アプリを終了します。なお、本書では紙面の都合上、わかりやすさを損なわないと思われる範囲で、本来複数行で記述するところを1行に詰めて記述することがあります。以下同様。
- 20～25行目　フィールド actionReference の設定値に不備がある場合は、フィールド isReady に false を格納し、エラーメッセージをテキスト errorMessage に格納します。また、actionReference から得たアクションを変数 action に格納します。

● ActionToControl（その3）

```
28        void OnEnable()
29        {
30          if (!isReady) { return; }
31
32          action.started += OnActionStarted;
33          action.performed += OnActionPerformed;
34          action.canceled += OnActionCanceled;
35          action.Enable();
36        }
37
38        void OnDisable()
```

```
39      {
40        if (!isReady) { return; }
41
42        action.Disable();
43        action.started -= OnActionStarted;
44        action.performed -= OnActionPerformed;
45        action.canceled -= OnActionCanceled;
46      }
47
48      protected virtual void OnActionStarted
          ##> (InputAction.CallbackContext ctx) { }
49
50      protected virtual void OnActionPerformed
          ##> (InputAction.CallbackContext ctx) { }
51
52      protected virtual void OnActionCanceled
          ##> (InputAction.CallbackContext ctx) { }
53    }
54  }
```

- 30行目　フィールド設定などに不備がある（フラグisReadyが真でない）場合、何もせずにメソッドを中断します。
- 32〜34行目　イベントstarted、performedおよびcanceledにイベントリスナーOnActionStartedなどを登録します。
- 35行目　アクションを有効にします。
- 42〜45行目　アクションを無効にし、メソッドOnEnableで登録したイベントリスナーを解除します。
- 48〜52行目　この基底クラスのイベントリスナーは仮想メソッドとして定義します。具体的な処理は、派生クラス側で定義します。★2.3.5

（4）ソースコードの確認と保存
　コーディング完了後、エラーメッセージ・警告を確認し、入力ミスなどがあれば修正します。その後、スクリプトファイルを上書き保存します。

2.3.5　ソースコードおよび解説（ActionToAxisForLiftUp）

（1）処理の概要
　オブジェクトを持ち上げる処理を行います。

（2）派生クラスのスクリプトファイルの作成

フォルダー［Assets/Scripts］内にスクリプトファイル「ActionToAxisForLiftUp」を作成します。

（3）ソースコードおよび解説

下記のサンプルスクリプトをコーディングしましょう。

● ActionToAxisForLiftUp（その1）

```
01  using UnityEngine;
02  using UnityEngine.InputSystem;
03  using static UnityVR.LibraryForVRTextbook;
04
05  namespace UnityVR
06  {
07    public class ActionToAxisForLiftUp : ActionToControl
08    {
09      [SerializeField] GameObject targetObject;
10
11      Vector3 initPos;
12
```

・03行目　先に作成したクラスLibraryForVRTextbookを読み込みます。これによりこのクラスにある静的メソッドGetSourceFileNameなどを利用することができます。
・07行目　派生クラスActionToAxisForLiftUpを定義します。この基底クラスはActionToControlです。
・09行目　操作対象となるオブジェクトを格納するために、[SerializeField]属性のフィールドtargetObjectを宣言します。スクリプトをアタッチ後にUnityエディターによりフィールドtargetObjectとシーン内にある立方体のオブジェクト［Cube］を関連付けます。★2.3.6 (2)
・11行目　操作対象となるオブジェクトの初期の位置を格納するために、フィールドinitPosを定義します。

● ActionToAxisForLiftUp（その2）

```
13      void Start()
14      {
15        if (targetObject is null)
16        {
17          isReady = false;
18          errorMessage += " #targetObject";
19        }
20
21        if (!isReady)
22        {
23        displayMessage.text
```

```
          ##> = $"{GetSourceFileName()}\r\nError: {errorMessage}";
24        return;
25      }
26
27      initPos = targetObject.transform.position;
28    }
29
```

- ・15～19行目　操作対象のオブジェクトの設定値に不備がある場合は、フィールドisReadyにfalse
を格納し、その情報をエラーメッセージ用テキストerrorMessageに追加します。
- ・21～25行目　基底クラスおよび派生クラスの各種設定に不備がある（フィールドisReadyが真でな
い）場合は、エラーメッセージを表示し、処理を中断します。
- ・27行目　操作対象となるオブジェクトの初期の位置をフィールドinitPosに格納します。

● ActionToAxisForLiftUp（その3）
```
30    protected override void OnActionPerformed
        ##> (InputAction.CallbackContext ctx) => UpdateValue(ctx);
31
32    protected override void OnActionCanceled
        ##> (InputAction.CallbackContext ctx) => UpdateValue(ctx);
33
34    void UpdateValue(InputAction.CallbackContext ctx)
35    {
36      var liftUpValue = ctx.ReadValue<float>();
37      var pos = targetObject.transform.position;
38      pos.y = initPos.y + liftUpValue;
39      targetObject.transform.position = pos;
40      displayMessage.text = $"Lift Up: {liftUpValue:F2}";
41    }
42  }
43 }
```

- ・30～32行目　performedに対するイベントリスナーで仮想メソッドのOnActionPerformedに、具体
的処理内容（メソッドUpdateValueの実行）をオーバーライドします。canceledに対しても、オブ
ジェクトを元の位置に戻すために、performedと同じ処理を行います。
- ・34行目　メソッドUpdateValueはオブジェクトの高さを求める処理を行います。
- ・36行目　メソッドReadValue<float>()により、アクション［LiftUp］でバインドされているコント
ローラーのトリガーの入力値を得て、変数liftUpValueに格納します。
- ・37行目　操作対象となるオブジェクトの現在の位置を変数posに格納します。
- ・38～39行目　オブジェクトの高さpos.yを「initPos.y + liftUpValue」により更新し、その座標posを

オブジェクトのtransform.positionに格納します。

・40行目　変数liftUpValueの値をパネルにあるテキストボックスに表示します。

（4）ソースコードの確認と保存

　コーディング完了後、エラーメッセージ・警告を確認し、入力ミスなどがあれば修正します。その後、スクリプトファイルを上書き保存します。

2.3.6　ビルド＆実行（LiftUp）

（1）スクリプトのアタッチ

　【ヒエラルキー】→［CubeController］→【インスペクター】→［コンポーネントを追加］→［Scripts］→［Unity VR］→［ActionToAxisForLiftUp］

（2）[SerializeField]属性のフィールドとオブジェクトなどの関連付け

　［CubeController］の［Action To Axis For Lift Up］コンポーネントの項目を次のとおり設定します。

・［displayMessage］＝Message1

・［Action Reference］＝CubeController/LiftUp

・［ターゲットオブジェクト］（Target Object）＝Cube

図2.3.3　[SerializeField]属性のフィールドとオブジェクトなどの関連付け（ActionToAxisForLiftUp）

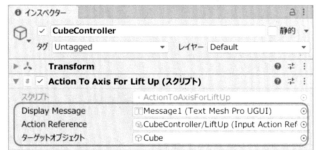

（3）シーンの保存

　シーンを上書き保存します。【メニューバー】→［ファイル］→［保存］

（4）プロダクト名の設定

・【メニューバー】→［編集］→［プロジェクト設定］→［プレイヤー］→［プロダクト名］＝適切なプロダクト名（ここでは「LiftUp」）を入力

（5）ビルドするシーンの設定

・【メニューバー】→［ファイル］→［ビルド設定］→［ビルドに含まれるシーン］欄にあるシーンをすべて削除→［シーンを追加］→［SceneBasicControls］が登録されます。

図2.3.4 プロダクト名およびビルドするシーンの設定（LiftUp）

（6）プロジェクトの保存

【メニューバー】→［ファイル］→［プロジェクトを保存］

（7）ビルド＆実行

★1.5.2と同様にビルドの準備を行い、実行します。

・アプリの［保存先］＝UnityProjects/UnityVR/Apps/AppLiftUp

・Meta Quest2の場合：［ファイル名］＝LiftUp.apk

（8）実行結果

　下図(a)のとおり、トリガーを引くとその量に応じてオブジェクト［Cube］が持ち上がり、パネルにその高さが表示されます。なお、Unityエディターにて[SerializeField]属性のdisplayMessageにテキストボックスを関連付けなかった場合は、アプリ起動直後に終了します。また、アクションに関するフィールドなどに適切な項目を関連付けなかった場合は、下図(b)のとおりエラーメッセージが表示されます。

※正しく動作しない場合は、★2.3.6(1)(2)の設定内容および★1.5.2(4)（正しく動作しない場合のチェックポイント）を確認します。

図2.3.5　SceneBasicControls の実行結果（LiftUp）

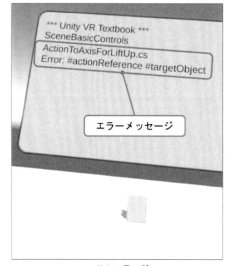

（a）LiftUp実行時　　　　　　　　　　　（b）エラー時

2.3.7　さまざまなアクションに関するスクリプト例

（1） アクション［ChangeColor］に対応する処理

（a）処理の概要：　アクション［ChangeColor］が起動したとき、操作対象のオブジェクトの色を赤に変更します。また、アクションの起動・停止に応じて、パネルに「True」または「False」と表示します。

（b）スクリプトファイルの作成：　フォルダー［Assets/Scripts］内にスクリプトファイル「ActionToButtonForChangeColor.cs」を作成します。

（c）ソースコード：　下記のサンプルスクリプトをコーディングしましょう。

● ActionToButtonForChangeColor

```
01  using UnityEngine;
02  using UnityEngine.InputSystem;
03  using static UnityVR.LibraryForVRTextbook;
04
05  namespace UnityVR
06  {
07    public class ActionToButtonForChangeColor : ActionToControl
08    {
09      [SerializeField] GameObject targetObject;
10
11      Renderer meshRenderer;
12      Color normalColor;
13      static readonly Color ColorOnPressed = Color.red;
```

```
14
15      void Start()
16      {
17        if (targetObject is null
18          || (meshRenderer = targetObject.GetComponent<MeshRenderer>())
              ##> is null)
19        {
20          isReady = false;
21          errorMessage += " #targetObject";
22        }
23
24        if (!isReady)
25        {
26          displayMessage.text
              ##> = $"{GetSourceFileName()}\r\nError: {errorMessage}";
27          return;
28        }
29
30        normalColor = meshRenderer.material.color;
31      }
32
33      protected override void OnActionPerformed
          ##> (InputAction.CallbackContext ctx) => UpdateValue(ctx);
34
35      protected override void OnActionCanceled
          ##> (InputAction.CallbackContext ctx) => UpdateValue(ctx);
36
37      void UpdateValue(InputAction.CallbackContext ctx)
38      {
39        var isOn = ctx.ReadValueAsButton();
40        meshRenderer.material.color = isOn ? ColorOnPressed : normalColor;
41        displayMessage.text = $"Change Color: {isOn}";
42      }
43    }
44 }
```

(2) アクション［Move］に対応する処理

（a）処理の概要：　アクション［Move］（Control Type＝Vector2）が起動したとき、アクションの
　　　量に応じて操作対象のオブジェクトを前後左右に動かします。また、その量(x, y)をパネルに
　　　表示します。

（b）スクリプトファイルの作成：　フォルダー［Assets/Scripts］内にスクリプトファイル

「ActionToVector2ForMove.cs」を作成します。

（c）ソースコード： 下記のサンプルスクリプトをコーディングしましょう。

● ActionToVector2ForMove

```
01  using UnityEngine;
02  using UnityEngine.InputSystem;
03  using static UnityVR.LibraryForVRTextbook;
04
05  namespace UnityVR
06  {
07    public class ActionToVector2ForMove : ActionToControl
08    {
09      [SerializeField] GameObject targetObject;
10
11      Vector3 initPos;
12
13      void Start()
14      {
15        if (targetObject is null)
16        {
17          isReady = false;
18          errorMessage += " #targetObject";
19        }
20
21        if (!isReady)
22        {
23          displayMessage.text
            ##> = $"{GetSourceFileName()}\r\nError: {errorMessage}";
24          return;
25        }
26
27        initPos = targetObject.transform.position;
28      }
29
30      protected override void OnActionPerformed
          ##> (InputAction.CallbackContext ctx) => UpdateValue(ctx);
31
32      protected override void OnActionCanceled
          ##> (InputAction.CallbackContext ctx) => UpdateValue(ctx);
33
34      void UpdateValue(InputAction.CallbackContext ctx)
35      {
```

```
36        var moveValue = ctx.ReadValue<Vector2>();
37        var pos = targetObject.transform.position;
38        pos.x = initPos.x + moveValue.x;
39        pos.z = initPos.z + moveValue.y;
40        targetObject.transform.position = pos;
41        displayMessage.text = $"Move: {moveValue}";
42      }
43    }
44  }
```

（3） コントローラーを振動させる処理

（ a ）処理の概要： アクション［ChangeColor］が起動したとき、コントローラーを振動させます。また、その際のコントローラー名などの情報をパネルに表示します。

（ b ）スクリプトファイルの作成： フォルダー［Assets/Scripts］内にスクリプトファイル「ActionToHaptic.cs」を作成します。

（ c ）ソースコード： 下記のサンプルスクリプトをコーディングしましょう。

● ActionToHaptic

```
01  using UnityEngine;
02  using UnityEngine.InputSystem;
03  using UnityEngine.XR.OpenXR.Input;
04  using static UnityVR.LibraryForVRTextbook;
05
06  namespace UnityVR
07  {
08    public class ActionToHaptic : ActionToControl
09    {
10      [SerializeField] InputActionReference hapticActionReference;
11
12      InputAction hapticAction;
13
14      void Start()
15      {
16        if (hapticActionReference is null
17          || (hapticAction = hapticActionReference.action) is null)
18        {
19          isReady = false;
20          errorMessage += " #hapticActionReference";
21        }
22
23        if (!isReady)
```

```
24      {
25        displayMessage.text
             ##> = $"{GetSourceFileName()}\r\nError: {errorMessage}";
26        return;
27      }
28
29      hapticAction.Enable();
30    }
31
32    protected override void OnActionPerformed
         ##> (InputAction.CallbackContext ctx) => UpdateValue(ctx);
33
34    protected override void OnActionCanceled
         ##> (InputAction.CallbackContext ctx) => UpdateValue(ctx);
35
36    void UpdateValue(InputAction.CallbackContext ctx)
37    {
38      var device = ctx.action?.activeControl?.device;
39      if (device is null) { return; }
40
41      var message = "Haptic: ";
42      if (ctx.ReadValueAsButton())
43      {
44        var intensity = 1f;
45        var duration = 0.5f;
46        OpenXRInput.SendHapticImpulse(hapticAction, intensity,
             ##> duration, device);
47        message += $"call={ctx.action.name},
             ##> haptic={hapticAction.name}\r\n device={device.name}";
48      }
49      displayMessage.text = message;
50    }
51  }
52 }
```

(4) ソースコードの確認と保存

コーディング完了後、エラーメッセージ・警告を確認し、入力ミスなどがあれば修正します。その後、スクリプトファイルを上書き保存します。

2.3.8　ビルド＆実行（BasicControls）

（1） スクリプトのアタッチ

　オブジェクト［CubeController］にスクリプト「ActionToButtonForChangeColor」、「ActionToVector2ForMove」、「ActionToHaptic」をアタッチします。★2.3.6(1)

（2） [SerializeField]属性のフィールドとオブジェクトなどの関連付け

次のとおりフィールドにオブジェクトなどを関連付けます。

（a）［ActionToButtonForChangeColor］コンポーネント

・［displayMessage］＝Message2

・［Action Reference］＝CubeController/ChangeColor

・［ターゲットオブジェクト］（Target Object）＝Cube

（b）［ActionToVector2ForMove］コンポーネント

・［displayMessage］＝Message3

・［Action Reference］＝CubeController/Move

・［ターゲットオブジェクト］（Target Object）＝Cube

（c）［ActionToHaptic］コンポーネント

・［displayMessage］＝Message4

・［Action Reference］＝CubeController/ChangeColor

・［Haptic Action Reference］＝RightHand/Haptic

図2.3.6 [SerializeField]属性のフィールドとオブジェクトなどの関連付け（ActionToButtonForChangeColor, etc.）

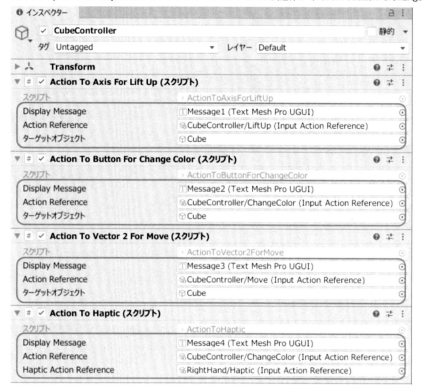

（3）シーンの保存

シーンを上書き保存します。【メニューバー】→［ファイル］→［保存］

（4）プロダクト名の設定

・【メニューバー】→［編集］→［プロジェクト設定］→［プレイヤー］→［プロダクト名］＝適
切なプロダクト名（ここでは「BasicControls」）を入力

（5）ビルドするシーンの設定

・【メニューバー】→［ファイル］→［ビルド設定］→［ビルドに含まれるシーン］欄に［SceneBasicControls］
が登録されていることを確認します。★2.3.6(5)

図2.3.7　プロダクト名およびビルドするシーンの設定（BasicControls）

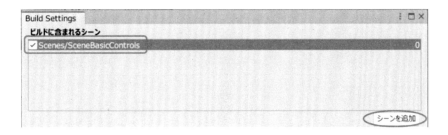

(6) プロジェクトの保存
【メニューバー】→［ファイル］→［プロジェクトを保存］

(7) ビルド＆実行
★1.5.2と同様にビルドの準備を行い、実行します。
・アプリの［保存先］＝UnityProjects/UnityVR/Apps/AppBasicControls
・Meta Quest2の場合：　［ファイル名］＝BasicControls.apk

(8) 実行結果
・下図のとおり、グリップを押すと、オブジェクト［Cube］の色が赤に変化し、コントローラー
　が振動します。
・サムスティックを動かすと［Cube］が前後左右に動きます。
・また、トリガーを引くと［Cube］が上昇します。
・さらに、それぞれのアクションに関する情報がパネルに表示されます。
　※正しく動作しない場合は、★2.3.8の設定内容および★1.5.2(4)（正しく動作しない場合のチェッ
　クポイント）を確認します。

図2.3.8　SceneBasicControls の実行結果（BasicControls）

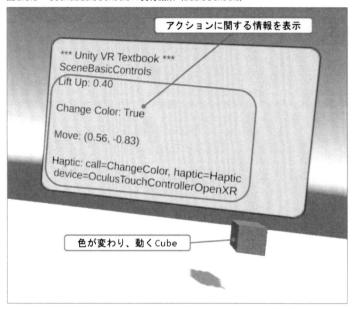

第3章　レイキャスト

●

3.1　XR Controllerの利用

　VRでは、一般にコントローラーからレーザー光線のようなポインターが下図のように投射されます。この光線を**レイ**（ray）といいます。このレイを使って、オブジェクトの操作やメニュー選択などが行われます。このレイを扱う上で便利なコンポーネントが［XR Controller (Action-based)］と［XR Ray Interactor］です。［XR Controller (Action-based)］コンポーネントは主にコントローラーの操作とアクションに関する処理を行い、［XR Ray Interactor］コンポーネントは主にレイと操作されるオブジェクトの相互作用に関する処理を行います。［XR Origin］の下位階層にあるオブジェクト［LeftHand Controller］および［RightHand Controller］には、あらかじめこの2つのコンポーネントがアタッチされています。

　［XR Controller (Action-based)］コンポーネントには、VR空間のコントローラーの姿勢を制御するための設定項目やコントローラーのボタンなどの操作とアクションを関連付ける設定項目などが用意されています。まずは、このコンポーネントを利用できるように準備しましょう。　※レイキャスト（★3.4）および［XR Ray Interactor］コンポーネント（★3.5）については後述。

図3.1.1　レイ

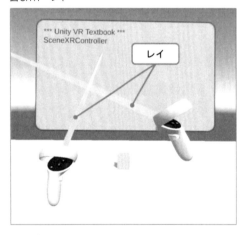

3.1.1　シーンの設定

（1）シーンの作成

［SceneBasicControls］を複製して作成します。

- 【メニューバー】→［ファイル］→［シーンを開く］→フォルダー［Assets/Scenes］内の［SceneBasicControls］
- 【メニューバー】→［ファイル］→［別名で保存］→［保存先］＝Assets/Scenes →［ファイル

名］＝SceneXRController →［保存］

（2）タイトルの修正

・【ヒエラルキー】→［Canvas］の下位階層にある［Title］→【インスペクター】→［TextMeshPro-Text
(UI)］コンポーネント →［Text Input］＝「*** Unity VR Textbook ***（改行）SceneXRController」に
変更

図3.1.2　SceneXRControllerのタイトル

（3）コントローラーのアクティブ化

・【ヒエラルキー】→［XR Origin］の下位階層にある［RightHand Controller］→【インスペクター】
→オブジェクト名の左端にある［チェックボックス］＝オン（アクティブ化）
※本書では左手部コントローラーは使用しないため、［LeftHand Controller］は非アクティブの
ままにしておきます。

（4）操作対象となるオブジェクトの設定

［XR Controller］でオブジェクトを操作するには、操作対象となるオブジェクトに［XR Grab
Interactable］コンポーネントを追加する必要があります。このコンポーネントの詳細は後述（★
4.1.1）。ここでは、次の設定を行います。

・【ヒエラルキー】→［Cube］→【インスペクター】→［オブジェクト名］＝GrabbableCubeに変更
・［GrabbableCube］の【インスペクター】→［コンポーネントを追加］→［XR］→［XR Grab Interactable］
※これにより、自動的に［Rigidbody］コンポーネントも追加されます。
・［XR Grab Interactable］コンポーネント →［移動タイプ］（Movement Type）＝キネマティック
（Kinematic）

図3.1.3 ［XR Grab Interactable］コンポーネントの追加

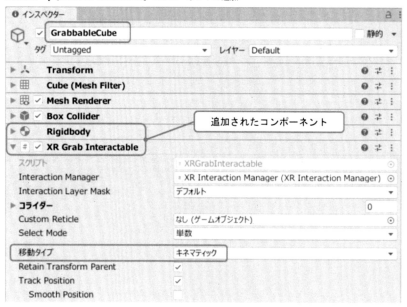

（5）不要なオブジェクトの削除

【ヒエラルキー】→［CubeController］を削除

図3.1.4 SceneXRControllerのヒエラルキー

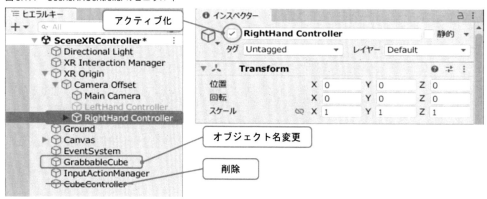

3.1.2 XR Controllerコンポーネントのアクション項目

［XR Controller］コンポーネントには、下表のとおり一般的によく使用されるデバイスの位置・回転（向き）、オブジェクトの選択などのアクションに関する設定項目があらかじめ用意されています。

表3.1.1 ［XR Controller］コンポーネントのアクション関連設定項目

設定項目	Action Type/ Control Type	説明
Position Action	値/Vector3	デバイスの位置
Rotation Action	値/Quaternion	デバイスの回転（向き）
Tracking State Action	値/Integer	デバイスの追跡情報
Select Action	ボタン	オブジェクトを選択する
Select Action Value	値/Axis or Vector2	同上
Activate Action	ボタン	特定の処理を実行する
Activate Action Value	値/Axis or Vector2	同上
UI Press Action	ボタン	ユーザーインターフェイスを操作する
UI Press Action Value	値/Axis or Vector2	同上
Haptic Device Action	任意	デバイスを振動させる
Rotate Anchor Action	値/Vector2（X軸使用）	アンカーを回転させる
Translate Anchor Action	値/Vector2（Y軸使用）	アンカーを手元から遠ざける、または近づける

　上記の表中のアンカー（anchor）とは、レイなどによりオブジェクトをつかんだときに、そのつかんでいる箇所（支点）のことをいいます。Vector2のコントロールとしてサムスティックをバインドした場合、下図のとおりサムスティックをX軸方向（左右）に傾けると、［Rotate Anchor Action］によりアンカーを中心にオブジェクトを回転させることができます。また、サムスティックをY軸方向（前後）に傾けると、［Translate Anchor Action］によりアンカーと共にオブジェクトを手元から遠ざける、または近づけることができます。

図3.1.5 ［Rotate Anchor Action］と［Translate Anchor Action］の動き

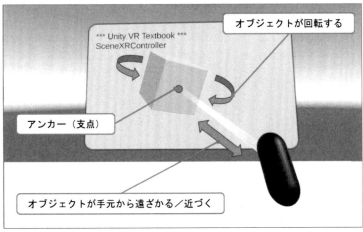

3.1.3　アクションマップの作成

　前述の［XR Controller］コンポーネントのアクション関連設定項目に対応するアクションマップを作成します。

（1） アクションマップ「RightHand」の作成
- 【プロジェクト】→フォルダー［Assets/ActionAssets］内の［InputActionsForVR］をダブルクリックしアクションエディターを開く
- ［Action Maps］欄の［＋］→新しいアクションマップ［New action map］を適切な名前（ここでは「RightHand」）に変更　★2.1.2(4)
- 下表および下図を参照し、右手部の位置・回転などに関するアクションを作成します。★2.1.2 〜2.1.4

表 3.1.2　アクションマップ「RightHand」の Binding 情報

アクション マップ	アクション	Action Type/ Control Type	コントロール
RightHand	Position	値/Vector3	pointerPosition [RightHand XR Controller]
	Rotation	値/Quaternion	pointerRotation [RightHand XR Controller]
	TrackingState	値/Integer	trackingState [RightHand XR Controller]
	Haptic	値/Haptic	haptic [RightHand XR Controller]

図 3.1.6　アクションマップ「RightHand」の作成

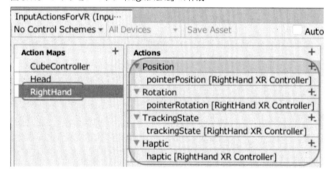

（2） アクションマップ「RightHandInteraction」の作成
- ［Action Maps］欄の［＋］→新しいアクションマップ［New action map］を適切な名前（ここでは「RightHandInteraction」）に変更
- 下表および下図を参照し、右手部の操作に関するアクションを作成します。なお、各アクションは次の用途に使用します。

　Select：　オブジェクトの選択を行う

　Activate：　特定の処理を実行する

　UIPress：　ユーザーインターフェイスを操作する

表3.1.3　アクションマップ「RightHandInteraction」のBinding情報

アクションマップ	アクション	Action Type/ Control Type	コントロール
RightHand Interaction	Select	ボタン	gripPressed [RightHand XR Controller]
	Activate	ボタン	triggerPressed [RightHand XR Controller]
	UIPress	ボタン	triggerPressed [RightHand XR Controller]

図3.1.7　アクション Select・Activate・UIPress

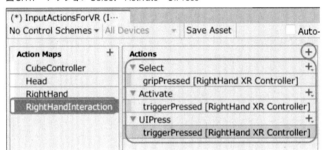

(3) Sectorを利用したアクションの作成（その1：RotateAnchor）
選択したオブジェクトを回転させるためのアクションを作成します。
（a）アクションの設定
　　・［アクション名］＝RotateAnchor
　　・［Action Type］＝値、［Control Type］＝Vector2
　　・［コントロール］＝primary2DAxis [RightHand XR Controller]
（b）Sectorの設定：　Sectorはサムスティックなどの前・後・右・左（North・South・East・West
　　　に相当）の操作を指定するために使用されます。ここでは、サムスティックを右・左（East・
　　　West）に傾けたとき、選択したオブジェクトを回転させます。
　　・コントロール「primary2DAxis [RightHand XR Controller]」の［Binding Properties］→［Interactions］
　　　の［＋］→［Sector］

　　［Sector］グループの項目を次のとおり設定します。
　　・［Directions］＝East, West
　　・［Sweep Behavior］＝History Independent（下表参照）
　　・［Press Point］＝デフォルト

図3.1.8 アクション［RotateAnchor］の Sector の設定

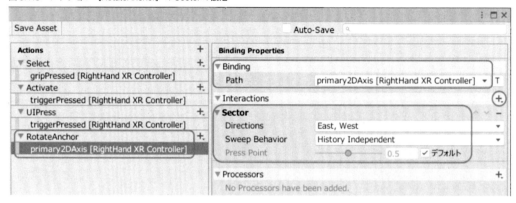

この設定により、スティックの出力が［Press Point］で設定されたしきい値を超え、かつ［Directions］で指定した方向とスティックの操作方向が一致したときにアクションが起動します。また、［Sweep Behavior］により、アクションの実行の解除や再実行などの設定を行うことができます。その設定値を下表に示します。

表3.1.4 Sweep Behavior の設定値

設定値	説明
AllowReentry	最初にスティックの操作方向が指定方向と一致すると、アクションが起動する。指定方向以外になると停止する。停止後、再び指定方向と一致すると再起動する。
DisallowReentry	同上。ただし、停止後スティックを一旦中央（デフォルト位置）に戻さないと再起動しない。
HistoryIndependent	最初のスティックの操作方向に関係なく、操作方向が指定方向と一致しているとき、アクションが起動する。
Locked	最初にスティックの操作方向が指定方向と一致すると、アクションが起動する。その後、指定方向以外でもアクションは継続され、中央に戻ると停止する。

（4） Sectorを利用したアクションの作成（その2：TranslateAnchor）

選択したオブジェクトを手元から遠ざける、または近づけるためのアクションを作成します。

（a）アクションの設定

- ［アクション名］＝ TranslateAnchor
- ［Action Type］＝値、［Control Type］＝ Vector2
- ［コントロール］＝ primary2DAxis [RightHand XR Controller]

（b）Sectorの設定： ここでは、サムスティックを前・後（North・South）に傾けたとき、選択したオブジェクトを手元から遠ざけたり、近づけたりします。

- コントロール「primary2DAxis [RightHand XR Controller]」の［Binding Properties］→［Interactions］の［＋］→［Sector］

［Sector］グループの項目を次のとおり設定します。

- ［Directions］＝ North, South

- ［Sweep Behavior］＝History Independent
- ［Press Point］＝デフォルト

図3.1.9　アクション［TranslateAnchor］のSectorの設定

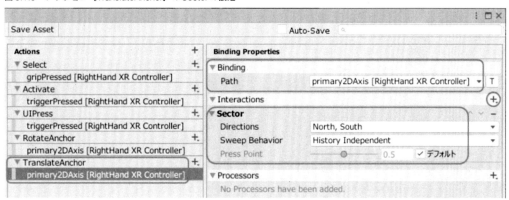

（5） インプットアクションアセットの保存

アクションエディターの上部にある［Save Asset］→ アクションエディターを閉じます。

（6） アクションの適用

右手部コントローラー［RightHand Controller］の［XR Controller］コンポーネントに、前述のアクションを適用します。

- 【ヒエラルキー】→［XR Origin］の下位階層にある［RightHand Controller］→【インスペクター】 →［XR Controller (Action-based)］コンポーネント →［Position Action］の［Use Reference］＝オン
- ［Reference］の右端の［◎］→［Select InputActionReference］の［アセット］タブ →［RightHand/ Position］（下図参照）

同様に、次のとおりアクションを設定します。

- ［Rotation Action］＝ RightHand/Rotation
- ［Tracking State Action］＝ RightHand/TrackingState
- ［Select Action］＝ RightHandInteraction/Select
- ［Activate Action］＝ RightHandInteraction/Activate
- ［UI Press Action］＝ RightHandInteraction/UIPress
- ［Haptic Device Action］＝ RightHandInteraction/Select　※選択時に振動する
- ［Rotate Anchor Action］＝ RightHandInteraction/RotateAnchor
- ［Translate Anchor Action］＝ RightHandInteraction/TranslateAnchor

図3.1.10 ［XR Controller］コンポーネントへのアクションの適用（その1）

図3.1.11 ［XR Controller］コンポーネントへのアクションの適用（その2）

※本書では左手部コントローラーを使用しないため、その説明を割愛しますが、右手部同様に設定することができます。

（7） シーンの保存

シーンを上書き保存します。【メニューバー】→［ファイル］→［保存］

3.2　コントローラーのモデルの作成

3.2.1　モデルのプレハブ作成

　ここでは3Dオブジェクトのカプセルを使って、下図のとおり簡易的なコントローラーのモデルを作成します。

図3.2.1　コントローラーのモデル

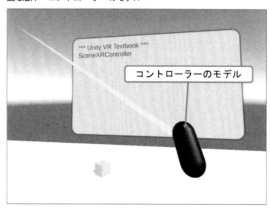

（1）シーンを開く
　先に作成した［SceneXRController］を開きます。★3.1.1(1)

（2）モデルのオブジェクト作成
・【メニューバー】→［ゲームオブジェクト］→［3Dオブジェクト］→［カプセル］→【インスペクター】→［オブジェクト名］＝ Controller に変更
・［Controller］の［Transform］コンポーネント→［位置］＝(0, 0, 0)、［回転］＝(0, 0, 0)、［スケール］＝(0.05, 0.07, 0.07)
・［Mesh Renderer］コンポーネント→［Materials］の［要素0］＝ Black　※マテリアル［Black］がない場合は★1.1.4(2)参照。

図3.2.2　モデルのオブジェクト作成

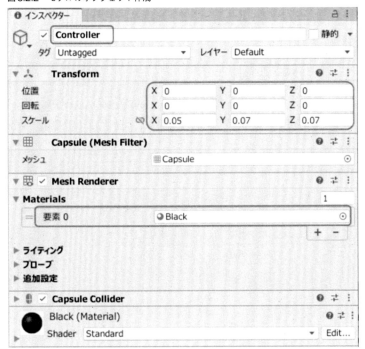

（3） モデルのプレハブ化

・【プロジェクト】→ フォルダー［Assets/Prefabs］を開く

・【ヒエラルキー】にある［Controller］をフォルダー［Prefabs］内へドラッグ＆ドロップし、プレ
　ハブ化（下図参照）

・その後、【ヒエラルキー】にある［Controller］を削除

図3.2.3　モデルのプレハブ化

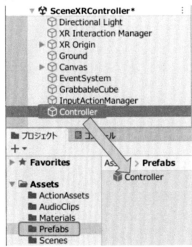

（4）モデルの位置調整用オブジェクトの作成

・【メニューバー】→［ゲームオブジェクト］→［空のオブジェクトを作成］→【インスペクター】
→［オブジェクト名］＝ RightGrip に変更

・【ヒエラルキー】にある［RightGrip］を［XR Origin］の下位階層にある［RightHand Controller］へ
ドラッグ＆ドロップし、その子に位置付けます（下図参照）。

・［RightGrip］の［Transform］コンポーネント→［位置］＝ (0, -0.01, -0.05)、［回転］＝ (45, 0, 0)、［ス
ケール］＝ (1, 1, 1)　※これらの値は、ポインター投射部を原点としたモデルの相対的位置・回
転を表します。

図3.2.4　モデルの位置調整用オブジェクトの作成

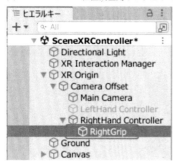

（5）モデルのプレハブの適用

作成したモデルのプレハブを［XR Controller］コンポーネントに適用します。

・【ヒエラルキー】→［XR Origin］の下位階層にある［RightHand Controller］→【インスペクター】
→［XR Controller(Action-Based)］コンポーネント→［Model Prefab］を表示（下図参照）

・【プロジェクト】→フォルダー［Assets/Prefabs］を開く。

・フォルダー［Prefabs］内にあるプレハブ［Controller］を［Model Prefab］の欄内へドラッグ＆ド
ロップし、プレハブを適用します（下図参照）。

図3.2.5 モデルのプレハブの適用

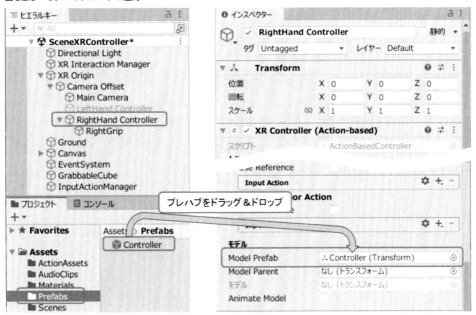

（6） モデルの位置調整用オブジェクトの適用

・【ヒエラルキー】→［XR Origin］の下位階層にある［RightHand Controller］→【インスペクター】
→［XR Controller (Action-Based)］コンポーネント →［Model Parent］の右端の［◎］→［シーン］
タブ →［RightGrip］

図3.2.6 モデルの位置調整用オブジェクトの適用

3.2.2 レイの設定

　［XR Origin］の下位階層にあるオブジェクト［LeftHand Controller］および［RightHand Cntroller］には、あらかじめ［XR Ray Interactor］、［Line Renderer］、［XR Interactor Line Visual］という3種類のレイに関するコンポーネントがアタッチされています。レイの機能や［XR Ray Interactor］コンポーネントの詳細については後述（★3.5）とし、ここでは右手部コントローラーでオブジェクトをつかんだ際の挙動とレイの色・長さだけを変更してみましょう。

（1）つかんだ際の挙動の設定

　つかんだオブジェクトを手元に引き寄せる機能を停止します。
　・【ヒエラルキー】→［XR Origin］の下位階層にある［RightHand Controller］→【インスペクター】
　　→［XR Ray Interactor］コンポーネント →［Force Grab］＝オフ

（2）レイの色の設定

　［RightHand Controller］の［XR Interactor Line Visual］コンポーネントの項目を次のとおり設定します。指定項目以外はデフォルトのままとします。
（a）［Valid Color Gradient］（ターゲットに触れたときのレイの色）の設定
　　・色の欄をクリックし［Gradient Editor］を開く（下図参照）
　　・［位置］＝0.0%：［色］＝(1, 1, 0) 黄色、［アルファ］（透明度）＝255
　　・［位置］＝100.0%：［色］＝(1, 1, 0) 黄色、［アルファ］＝0
（b）［Invalid Color Gradient］（ターゲットに触れていないときのレイの色）の設定
　　　上記同様に次の色を設定します。
　　・［位置］＝0.0%：［色］＝(0, 1, 1) シアン色、［アルファ］＝255
　　・［位置］＝100.0%：［色］＝(0, 1, 1) シアン色、［アルファ］＝0

（3）レイの長さの設定

　［XR Interactor Line Visual］コンポーネント →［Line Length］＝30

（4）シーンの保存

　シーンを上書き保存します。【メニューバー】→［ファイル］→［保存］

図3.2.7　レイの色および長さの設定

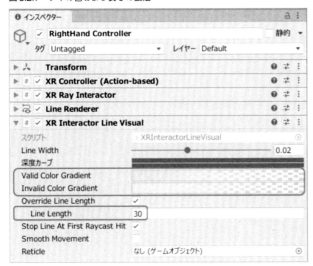

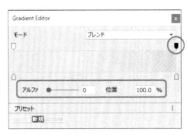

3.3 XR Controllerの動作確認

3.3.1 XR Controller関連コンポーネントの機能とその動作

［XR Controller (Action-Based)］コンポーネントおよび関連する付属のコンポーネントが設定どおり動作するか、実行して確認してみましょう。

（1）シーンを開く

先に作成した［SceneXRController］を開きます。★3.1.1(1)

（2）プロダクト名の設定

・【メニューバー】→［編集］→［プロジェクト設定］→［プレイヤー］→［プロダクト名］＝適切なプロダクト名（ここでは「XRController」）を入力

（3）ビルドするシーンの設定

・【メニューバー】→［ファイル］→［ビルド設定］→［ビルドに含まれるシーン］欄にあるシーンをすべて削除→［シーンを追加］→［SceneXRController］が登録されます。

図3.3.1　プロダクト名およびビルドするシーンの設定（XRController）

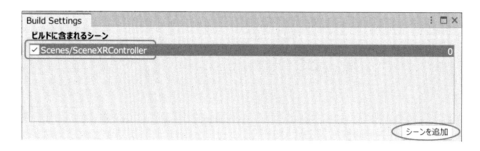

（4）プロジェクトの保存

【メニューバー】→［ファイル］→［プロジェクトを保存］

（5）ビルド＆実行

★1.5.2と同様にビルドの準備を行い、実行します。

- アプリの［保存先］＝ UnityProjects/UnityVR/Apps/AppXRController
- Meta Quest2の場合： ［ファイル名］＝ XRController.apk

（6） 実行結果
- コントローラーからシアン色のレイが投射されます。
- レイがオブジェクト［GrabbableCube］に触れるとレイの色が黄色に変わります。
- その状態でグリップを押すと、オブジェクトをつかむことができます。
- さらにつかんだまま、サムスティックを前後に傾けると、下図のとおりオブジェクトを手元から遠ざける、または近づけることができます。
- 同様に、サムスティックを左右に傾けるとオブジェクトを回転させることができます。
  ※正しく動作しない場合は、★3.1, 3.2の設定内容および★1.5.2(4)（正しく動作しない場合のチェックポイント）を確認します。

図 3.3.2　SceneXRController の実行結果

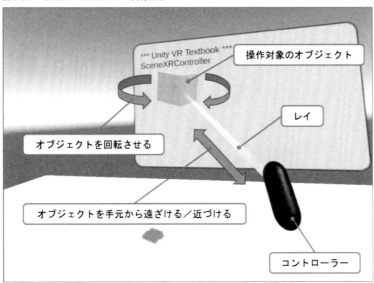

3.3.2　精巧なコントローラーモデルの利用

　ここでは、もう少し精巧なコントローラーのモデルを使用したい方のために、パッケージ「Oculus Integration」にある Meta Quest2のコントローラーモデルを利用する方法について説明します。不要の場合は、★3.4へ進んでください。
※モデルのみを利用し、指のアニメーションなどは割愛します。

（1） アセットの検索
　Assets Storeにて「Oculus Integration」（無料）を検索します。

・【メニューバー】→［ウインドウ］→［アセットストア］→［Search online］→ Unity Assets Store[1]
を開く

・［アセットの検索（Search for assets）］欄に「Oculus Integration」と入力し検索 → 候補リストか
ら「Oculus Integration」を選択 →［マイアセットに追加する（Add to My Assets）］

・［Unityで開く（Open in Unity）］→ Unityエディターのパッケージマネージャーが開きます。

（2）モデルのインポート

・［パッケージマネージャー］→［マイアセット］→［Oculus Integration］（本書ではバージョン
42.0）→［ダウンロード］

・［インポート］→ ダイアログ［Import Unity Package］の下部にある［なし］を選択（すべてのア
セットのチェックボックスをオフにします。）

・あらためて、次の4つのファイルのみ、チェックし、［インポート］ボタンをクリックします（下
図参照）。

　（ア）Oculus/VR/Meshes/OculusTouchForQuest2/Materials/OculusTouchForQuest2_MAT.mat（モ
デルで使用するマテリアル）

　（イ）Oculus/VR/Meshes/OculusTouchForQuest2/OculusTouchForQuest2_Left.fbx（モデルの形状
データ）

　（ウ）Oculus/VR/Meshes/OculusTouchForQuest2/OculusTouchForQuest2_Right.fbx（モデルの形
状データ）

　（エ）Oculus/VR/Textures/OculusTouchForQuest2/OculusTouchForQuest2/OculusTouchForQuest2
_AlbedoRoughness.tga（モデルで使用するテクスチャ）

※【重要】上記以外のデータをインポートしないでください。本書では「Oculus Integration」
のコントローラーのモデルデータだけを使用します。

1.https://assetstore.unity.com/

図3.3.3　コントローラーモデルのインポート

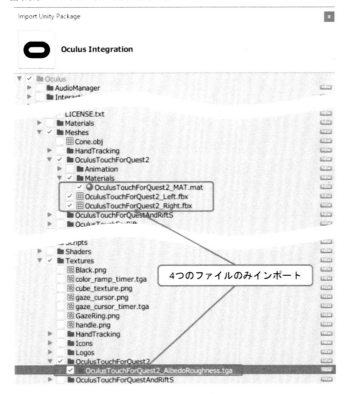

図3.3.4　インポート後のAssets

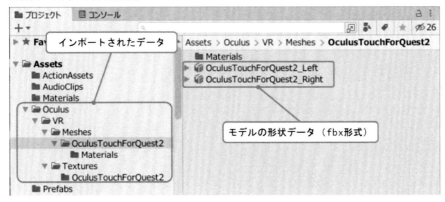

（3）モデルのプレハブ化

コントローラーのモデルデータ（fbx形式）をプレハブに変換します。

・フ ォ ル ダ ー［Assets/Oculus/VR/Meshes/OculusTouchForQuest2］を 開 き 、ファ イ ル
［OculusTouchForQuest2_Left］お よ び［OculusTouchForQuest2_Right］を【ヒ エ ラ ル キ ー】
へドラッグ＆ドロップ

・フォルダー［Assets/Prefabs］を開く →【ヒエラルキー】にある［OculusTouchForQuest2_Left］お
よび［OculusTouchForQuest2_Right］をフォルダー［Assets/Prefabs］へドラッグ＆ドロップ →

ダイアログ［プレハブかバリアントを作成しますか？］の［元となるプレハブ］をクリック→
2つのモデルがプレハブ化されます。
・【ヒエラルキー】にある［OculusTouchForQuest2_Left］と［OculusTouchForQuest2_Right］を削除

（4）コントローラーへの適用
・【ヒエラルキー】→［XR Origin］の下位階層にある［RightHand Controller］→【インスペクター】
　→［XR Controller (Action-Based)］→［Model Prefab］を表示
・フォルダー［Assets/Prefabs］を開き、プレハブ［OculusTouchForQuest2_Right］を［Model Prefab］
　へドラッグ＆ドロップし、プレハブを適用します（下図参照）。

図3.3.5　コントローラーへの適用

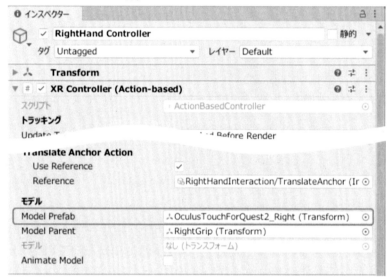

（5）モデルの位置の調整
・【ヒエラルキー】→［XR Origin］の下位階層にある［RightGrip］→【インスペクター】→［Transform］
　コンポーネント→［位置］＝(0, 0, -0.04)、［回転］＝(0, 0, 0)、［スケール］＝(1, 1, 1)　★3.2.1(4)

（6）実行結果
　上記のモデルを適用した際の実行結果を下図に示します。ここでは、参考までに左手部コントロー
ラーにもモデルを設定しています。

図3.3.6　精巧なコントローラーのモデル

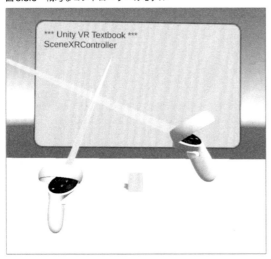

（7） モデルが表示されない場合のチェックポイント

モデルが表示されない場合は、モデルのマテリアルおよびテクスチャが正しく設定されているか確認します。

- フォルダー［Assets/Oculus/VR/Meshes/OculusTouchForQuest2/Materials］を開き、マテリアル［OculusTouchForQuest_MAT］を選択→【インスペクター】→［アルベド］の左側にある小さな［◎］→ダイアログ［Select Texture］→［アセット］タブ→［OculusTouchForQuest2_AlbedoRoughness］が設定されていることを確認（設定されていない場合はこれを選択）
- フォルダー［Assets/Oculus/VR/Meshes/OculusTouchForQuest2］を開き、ファイル［OculusTouchForQuest2_Right］を選択→【インスペクター】→［Materials］タブ→［bothControllerMAT］の［◎］→ダイアログ［マテリアルを選択］（Select Material）→［アセット］タブ→［OculusTouchForQuest_MAT］が設定されていることを確認（設定されていない場合はこれを選択）
- 同様に、［OculusTouchForQuest2_Left］についてもマテリアルを確認します。

3.4 レイキャストとインタラクション

3.4.1 レイキャスト

　レイを投射し、そのレイとオブジェクトとの**ヒット**（hit、衝突）を判定して、ヒットしたオブジェクトやヒットの位置などの情報を得る機能を**レイキャスト**（ray cast）といいます。位置の座標をレイキャストにより取得し移動したり、レイキャストでオブジェクトを選択して動かしたりすることができます。

図3.4.1　レイキャスト

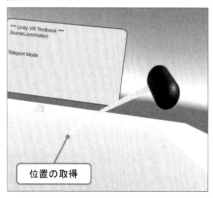

3.4.2 インタラクションのしくみ

　Unityの「XR Interaction Toolkit」には、VR/ARアプリ開発において仮想物体の操作が容易に行える便利なコンポーネントが用意されています。これによりプログラミングの負荷を大幅に低減することができます。

　「XR Interaction Toolkit」により提供されている主なコンポーネントを下表に示します。なお、表中にある**インタラクター**（interactor）とは、シーン内の他のオブジェクトを操作（つかむ・移動など）することができるオブジェクトのことであり、**インタラクタブル**（interactable）とはインタラクターにより操られるオブジェクトのことです。※これらのコンポーネントの具体的な使用方法は後述。

表3.4.1　XR Interaction Toolkitの主なコンポーネント

コンポーネント	説明
XR Interaction Manager	インタラクターとインタラクタブルの状態の監視し、両者の通信の仲介を行う
XR Controller※	コントローラーのアクションなどに関する処理を行う
XR Ray Interactor	レイキャストを行う
XR Interactor Line Visual	レイの見た目（色・長さなど）に関する処理を行う
XR Direct Interactor	インタラクタブルに直接触れる操作を行う
XR Socket Interactor	インタラクタブルを配置する
XR Grab Interactable	つかむことができるインタラクタブルに関する処理を行う
Snap Turn Provider※	プレイヤーを一定角度ずつ回転させる
Continuous Move Provider※	プレイヤーを滑らかに移動させる
Continuous Turn Provider※	プレイヤーを滑らかに回転させる
Teleportation Provider	プレイヤーを瞬間移動させる
Teleportation Anchor	プレイヤーを瞬間移動させる移動先（ポイント）に関する処理を行う
Teleportation Area	プレイヤーを瞬間移動させる移動先（エリア）に関する処理を行う

※印のコンポーネントには、Action-based版とDevice-based版がある

　下図のように、インタラクターには「オブジェクトを操作するためのコンポーネント」（例：［XR Ray Interactor］など）をアタッチし、インタラクタブルには「自身が操作されるためのコンポーネント」（例：［XR Grab Interactable］など）」をアタッチしておきます。そして、両者が存在するシーン内に［XR Interaction Manager］コンポーネントを用意します。すると、［XR Interaction Manager］はインタラクターとインタラクタブルの状態を常に監視し、両者の通信の仲介役を果たします。これにより、インタラクターとインタラクタブルは相互に作用しあうことができるようになります。この相互作用を**インタラクション**（interaction）といいます。レイキャストもこのインタラクションの1つです。

図3.4.2　インタラクションのしくみ

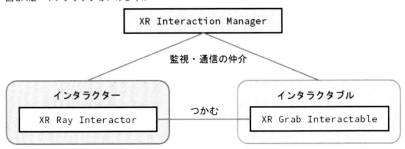

3.5 レイキャストに関する命令と処理例

3.5.1 XR Ray Interactor コンポーネント

［XR Ray Interactor］は、レイキャストを扱うことができるインタラクター機能を有するコンポーネントです。オブジェクト［LeftHand Controller］と［RightHand Controller］には、あらかじめアタッチされています。このコンポーネントの主な設定項目を下表に示します。

表3.5.1 ［XR Ray Interactor］コンポーネントの主な設定項目

設定項目	説明
Interaction Manager	このインタラクターを管理する［XR Interaction Manager］ （未設定の場合はシーン内のマネージャーを自動的に検索し設定を試みる）
Interaction Layer Mask	指定したレイヤーと合致するレイヤーを持つインタラクタブルとの インタラクションを許可する
Enable Interaction with UI GameObjects	UIオブジェクトの操作を許可するか否か
Force Grab	選択したオブジェクトを手元に引き寄せるか否か
Anchor Control	アンカーを動かして制御するか否か
Rotate Speed	アンカーを回転させる速度（単位：度/秒）
Translate Speed	アンカーを移動させる速度（単位：m/秒）
Line Type	レイの線の種類　※選択肢：Straight Line（直線）、 Projectile Curve（投射曲線）、Bezier Curve（ベジェ曲線）
Max Raycast Distance	レイの投射距離（光線の長さ、単位：m）　※Straight Lineの場合のみ
Raycast Mask	レイキャストのターゲットを制限するためのレイヤーマスク
Hit Closest Only	複数のオブジェクトがヒットした際に最も近いものだけを対象とするか否か
Audio Events	効果音を発するためのイベントリスナーを設定する　★3.5.6
Haptic Events	振動させるためのイベントリスナーを設定する　★3.5.5
Interactor Events	このインタラクターに関するイベントリスナーを設定する　★3.5.3

3.5.2　XRRayInteractor型のプロパティ

スクリプトによりインタラクターの機能を設定することもできます。

＜インタラクターの設定を行う／情報を取得する＞

●書式
```
インタラクター名.プロパティ名 ＝ 設定値
```
　　※インタラクター名は任意の名前でXRRayInteractor型・XRDirectInteractor型など、
　　　プロパティ名と設定値は下表参照

●例
```
using UnityEngine.XR.Interaction.Toolkit;
    （中略）
    [SerializeField] XRRayInteractor rightRay;
    （中略）
    rightRay.useForceGrab = false;
    if (rightRay.hitClosestOnly) { 処理 }
```

　書式のとおりインタラクター（XRRayInteractor型など）のプロパティを使うと、インタラクターに関するさまざまな設定を行うことができます。プロパティへの設定内容は、次のフレーム以降に反映されます。また、例のようにプロパティの情報を得て、それに応じた処理を行うことも可能です。XRRayInteractor型やXRDirectInteractor型の基底クラスはXRBaseInteractor型です。なお、インタラクション関連の命令を使うには、例のとおりあらかじめusingディレクティブで「UnityEngine.XR.Interaction.Toolkit」を宣言する必要があります

　ここではレイキャストを扱うことができるXRRayInteractor型の主なプロパティと使用例を下表に示します。なお、プロパティの情報を取得する場合は、表中の「設定値」を「戻り値」に読み替えます。
※表中の「ホバリング」については後述（★3.5.3）。また、XRDirectInteractor型のプロパティについては第4章で説明します。

表3.5.2　XRRayInteractor型の主なプロパティ

プロパティ	説明
interactionLayers	指定したレイヤーと合致するレイヤーを持つインタラクタブルとの インタラクションを許可する　　※設定値はInteractionLayerMask型 例：ray.interactionLayers 　　　　　= InteractionLayerMask.GetMask("Teleport");
enableUIInteraction	UIオブジェクトの操作を許可するか否か　　※設定値はbool型 例：ray.enableUIInteraction = true;
useForceGrab	選択したオブジェクトを手元に引き寄せるか否か　　※設定値はbool型 例：ray.useForceGrab = false;
allowAnchorControl	アンカーを動かして制御するか否か　　※設定値はbool型 例：ray.allowAnchorControl = true;
rotateSpeed	アンカーを回転させる速度（単位：度/秒）　　※設定値はfloat型 例：ray.rotateSpeed = 45f;
translateSpeed	アンカーを移動させる速度（単位：m/秒）　　※設定値はfloat型 例：ray.translateSpeed = 0.5f;
lineType	レイの線の種類　　※設定値は列挙型XRRayInteractor.LineType型 （列挙子：StraightLine、ProjectileCurve、BezierCurve) 例：ray.lineType = XRRayInteractor.LineType.StraightLine;
maxRaycastDistance	レイの投射距離（光線の長さ、単位：m)　　※設定値はfloat型 例：ray.maxRaycastDistance = 10f;
raycastMask	レイキャストのターゲットを制限するためのレイヤーマスク　　※設定値はLayerMask型 例：ray.raycastMask = LayerMask.GetMask("Target","UI");
hitClosestOnly	複数のオブジェクトがヒットした際に最も近いものだけを対象とするか否か 例：ray.hitClosestOnly = true;　　※設定値はbool型
rayOriginTransform	レイの投射部の位置と向き　　※戻り値はTransform型 例：pos = ray.rayOriginTransform.position;
hasHover	このインタラクターが現在ホバリングしているか否か（Read Only)※戻り値はbool型 例：if (ray.hasHover) { 処理 }
hasSelection	このインタラクターが現在選択しているか否か（Read Only)　　※戻り値はbool型 例：if (ray.hasSelection) { 処理 }
name	このコンポーネントがアタッチされているオブジェクト名　　※戻り値はstring型 例：rayName = ray.name;
gameObject	このコンポーネントがアタッチされているオブジェクト（Read Only) 例：pos = ray.gameObject.transform.position;　　※戻り値はGameObject型

※例の変数rayはXRRayInteractor型

3.5.3　インタラクターのイベントリスナー

インタラクターの各イベントに応じて、イベントリスナーを呼び出すことができます。

＜インタラクターのイベントリスナーを登録／解除する＞

●書式1
インタラクター名.hoverEntered.AddListener(イベントリスナー名);
　　※インタラクター名は任意の名前でXRRayInteractor型・XRDirectInteractor型など、
　　　イベントリスナー名は任意の名前で、その定義は書式3参照、

hoverEntered以外のイベント（下表参照）についても、この書式に準じる

●書式2
インタラクター名.hoverEntered.RemoveListener(イベントリスナー名);

●書式3
修飾子 void イベントリスナー名(型名 引数名) { 処理 }
　　※イベントリスナー名は任意の名前、
　　　型名はイベントに応じてHoverEnterEventArgsなど（下表参照）、引数名は任意の名前

●例

```
    [SerializeField] XRRayInteractor rightRay;
    (中略)
private void OnEnable()
{
    rightRay.hoverEntered.AddListener(OnHoverEntered);
    rightRay.hoverExited.AddListener(OnHoverExited);
    rightRay.selectEntered.AddListener(OnSelectEntered);
    rightRay.selectExited.AddListener(OnSelectExited);
}


private void OnHoverEntered(HoverEnterEventArgs args)
{
    処理
}
```

　書式1のとおりメソッドAddListenerを使うと、インタラクターのイベントに応じて呼び出されるイベントリスナーを登録することができます。また、hoverEntered以外のイベント（下表参照）についても、この書式に準じて使用することができます。そして、書式2のとおりメソッドRemoveListenerを使うと、書式1で登録したイベントリスナーを解除することができます。イベントリスナーは書式3に従い定義します。引数の型はイベントに応じてHoverEnterEventArgsなど下表に示す型を使用します。これらの型の基底クラスはBaseInteractionEventArgs型です。

　「hoverEntered」で用いられている「hover」という語の意味は、インタラクターとインタラクタブルとのインタラクション（相互作用）が可能となった状態のことで、**ホバリング**（hovering）ともいいます。レイキャストにおけるホバリングは、レイが対象となるインタラクタブルに触れている状態と考えてよいでしょう。

表3.5.3 インタラクターにおけるイベント

イベント	説明
hoverEntered	このインタラクターがインタラクタブルとホバリングを開始したときに発生する
hoverExited	このインタラクターがインタラクタブルとホバリングを終了したときに発生する
selectEntered	このインタラクターがインタラクタブルの選択を開始したときに発生する
selectExited	このインタラクターがインタラクタブルの選択を終了したときに発生する

表3.5.4 イベントリスナーの引数の型

イベント	イベントリスナーの引数の型
hoverEntered	HoverEnterEventArgs
hoverExited	HoverExitEventArgs
selectEntered	SelectEnterEventArgs
selectExited	SelectExitEventArgs

イベントリスナーの引数からは、インタラクターとインタラクタブルの双方の情報を得ることができます。

＜イベントリスナーの引数から情報を得る＞

●書式1
インタラクター名 = 引数名.interactorObject as インタラクターの型;
　　※インタラクター名は任意な名前で指定されたインタラクターの型、
　　　引数名はイベントに応じてHoverEnterEventArgs型など（★表3.5.4）
　　　インタラクターの型はXRRayInteractor型・XRDirectInteractor型など

●書式2
インタラクタブル名 = 引数名.interactableObject as インタラクタブルの型;
　　※インタラクタブル名は任意な名前で指定されたインタラクタブルの型、
　　　引数名は書式1同様、インタラクタブルの型はXRGrabInteractable型など

●例
```
void OnHoverEntered(HoverEnterEventArgs args)
{
    var ray = args.interactorObject as XRRayInteractor;
    var rayPos = ray.rayOriginTransform.position;
    var grabInteractable = args.interactableObject as XRGrabInteractable;
    var message = grabInteractable.name;
    （中略）
}
```

書式1のとおりイベントリスナーの引数のプロパティinteractorObjectを使うと、インタラクター（XRRayInteractor型など）を得ることができます。また、書式2のとおりプロパティinteractableObjectを使うと、インタラクタブル（XRGrabInteractable型など）を得ることができます。一般にinteractorObject（Interface IXRInteractorの派生クラス）は直接実装せずに、XRBaseInteractor型またはその派生クラス（XRRayInteractor型など）へ型変換して使用します。同様に、interactableObject（Interface IXRInteractableの派生クラス）もXRBaseInteractable型またはその派生クラス（XRGrabInteractable型など）へ型変換して使用します。

イベントリスナーを登録する方法はスクリプトによる方法だけでなく、下図のとおりUnityエディターを用いて、インタラクターのコンポーネント（この例では［XR Ray Interactor］）の［Interactor Events］グループに登録することができます。その際、登録するイベントリスナーのアクセス修飾子は「public」など適切なものを設定します。
※なお、本章の演習ではUnityエディターで登録せず、スクリプトを用います。★3.6.3

図3.5.1　Unityエディターによるイベントリスナーの登録（XR Ray Interactor）

3.5.4 レイキャストに関する情報

　レイキャストにより、ヒットしたオブジェクトの情報やヒットした位置の座標などを取得することができます。
※正確には、レイはオブジェクトに付属するコライダー（collider）にヒットします。以下同様。

＜レイキャストのヒットに関する情報を得る＞

●書式1
レイ名.TryGetCurrent3DRaycastHit(out ヒット名))
　　※レイ名は任意な名前でXRRayInteractor型、
　　　ヒット名は任意な名前でRaycastHit型、戻り値はbool型

●書式2
ヒット名.プロパティ名　　※プロパティ名は下表参照

●例
```
RaycastHit hit;
if (rayInteractor.TryGetCurrent3DRaycastHit(out hit))
{
    var pos = hit.point;
    (中略)
}
```

　書式1のとおりメソッド TryGetCurrent3DRaycastHit を使うと、レイキャストのヒットに関する情報を得ることができます。戻り値はbool型で、レイがヒットし、その情報が得られたときにtrueを返します。得られた情報（RaycastHit型）は引数のヒット名に格納されます。そして、書式2のとおりヒット名（RaycastHit型）のプロパティを使うと、ヒットに関するさまざまな情報に得ることができます。その主なプロパティと使用例を下表に示します。

表3.5.5 RaycastHit型の主なプロパティ

プロパティ	説明
point	レイがオブジェクトにヒットした位置（ワールド座標系） 例：position = hit.point;　　※戻り値はVector3
normal	レイがヒットした面の法線　　※戻り値はVector3 例：reflect = Vector3.Reflect(incoming, hit.normal);
distance	レイ投射部からヒットした位置までの距離（単位：m）　　※戻り値はfloat型 例：if (hit.distance > limit) { 処理 }
collider	レイがヒットしたオブジェクトのCollider　　※戻り値はCollider型 例：if (hit.collider != null) { 処理 }
rigidbody	レイがヒットしたオブジェクトのRigidbody　　※戻り値はRigidbody型 例：hit.rigidbody.AddForce(force);
transform	レイがヒットしたオブジェクトのTransform 例：height = hit.transform.position.y;　　※戻り値はTransform型

※例の変数hitはRaycastHit型

3.5.5　デバイスの振動（Haptic）

スクリプトによりイベント発生時にデバイスを振動させることができます。

＜デバイスの振動を設定する＞

●書式1
インタラクター名.playHapticsOnHoverEntered = 許可フラグ

　　　※インタラクター名は任意の名前でXRRayInteractor型・XRDirectInteractor型など
　　　　許可フラグはbool型（trueのとき振動を許可）
　　　　playHapticsOnHoverEntered以外のプロパティ（下表参照）についても、この書式に準じる

●書式2
インタラクター名.hapticHoverEnterIntensity = 振動強度;

　　　※振動強度はfloat型（範囲：0〜1）、
　　　　hapticHoverEnterIntensity以外のプロパティ（下表参照）についても、この書式に準じる

●書式3
インタラクター名.hapticHoverEnterDuration = 持続時間;

　　　※持続時間はfloat型（単位：秒）、
　　　　hapticHoverEnterDuration以外のプロパティ（下表参照）についても、この書式に準じる

●例
[SerializeField] XRRayInteractor rayInterator;
　（中略）

```
rayInterator.playHapticsOnSelectEntered = true;
rayInterator.hapticSelectEnterIntensity = 1f;
rayInterator.hapticSelectEnterDuration = 0.5f;
```

　書式1のとおりplayHapticsOnHoverEnteredにtrue（bool型）を設定することで、このインタラクターがホバリングを開始したときにデバイスを振動させることができます。また、書式2のとおりhapticHoverEnterIntensityを使うと、ホバリングを開始したときの振動の強度（float型、範囲：0〜1）を設定することができます。そして、書式3のとおりhapticHoverEnterDurationを使うと、ホバリングを開始したときの振動の持続時間（float型、単位：秒）を設定することができます。

　playHapticsOnHoverEntered、hapticHoverEnterIntensityおよびhapticHoverEnterDurationの他にも、下表のとおりそれぞれのタイミングで振動させることができるプロパティが用意されており、書式1〜3に準じて使用することができます。

表3.5.6　振動に関するプロパティ

振動するタイミング	プロパティ
このインタラクターがホバリングを開始したとき	playHapticsOnHoverEntered hapticHoverEnterIntensity hapticHoverEnterDuration
このインタラクターがホバリングを終了したとき	playHapticsOnHoverExited hapticHoverExitIntensity hapticHoverExitDuration
［XR Interaction Manager］の状態判断により自動的に、このインタラクターのホバリングがキャンセルされたとき	playHapticsOnHoverCanceled hapticHoverCancelIntensity hapticHoverCancelDuration
このインタラクターが選択を開始したとき	playHapticsOnSelectEntered hapticSelectEnterIntensity hapticSelectEnterDuration
このインタラクターが選択を終了したとき	playHapticsOnSelectExited hapticSelectExitIntensity hapticSelectExitDuration
［XR Interaction Manager］の状態判断により自動的に、このインタラクターの選択がキャンセルされたとき	playHapticsOnSelectCanceled hapticSelectCancelIntensity hapticSelectCancelDuration

　なお、上記プロパティはその情報を取得することもでき、戻り値のデータ型は設定値と同様です。

　振動の設定方法はスクリプトによる方法だけでなく、下図のとおりUnityエディターを用いて、インタラクターのコンポーネント（この例では［XR Ray Interactor］）の［Haptic Events］グループに設定することができます。
※本書の演習では、Unityエディターで設定せず、スクリプトを用います。★3.6.3

図 3.5.2　Unity エディターによる振動の設定

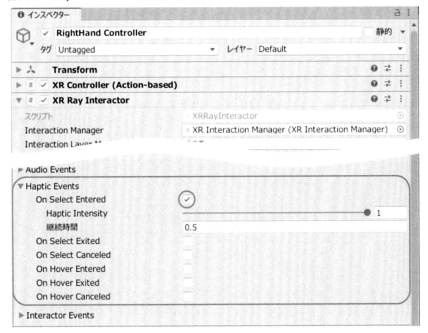

3.5.6　効果音

　スクリプトによりイベント発生時に効果音（sound effects、略して SE ともいう）を発することができます。

＜効果音を設定する＞

●書式1

インタラクター名.playAudioClipOnHoverEntered = 許可フラグ

　　※インタラクター名は任意の名前でXRRayInteractor型・XRDirectInteractor型など、

　　　許可フラグはbool型（trueのとき音を発することを許可）

　　　playAudioClipOnHoverEntered以外のプロパティ（下表参照）についても、この書式に準じる

●書式2

インタラクター名.audioClipForOnHoverEntered = 音源名;

　　※音源名は任意の名前でAudioClip型、

　　　audioClipForOnHoverEntered以外のプロパティ（下表参照）についても、この書式に準じる

●例

```
[SerializeField] XRRayInteractor rayInterator;
[SerializeField] AudioClip soundEffect;
```

（中略）

```
rayInterator.playAudioClipOnSelectEntered = true;
rayInterator.audioClipForOnSelectEntered = soundEffect;
```

　書式1のとおりplayAudioClipOnHoverEnteredにtrue（bool型）を設定することで、このインタラクターがホバリングを開始したときに効果音を発することができます。また、書式2のとおりaudioClipForOnHoverEnteredを使うと、ホバリングを開始したときに発する効果音の音源（AudioClip型）を設定することができます。Unityで使用できるオーディオファイルの主な形式は、MPEG layer 3（拡張子.mp3）、Ogg Vorbis（拡張子.ogg）、WAV（拡張子.wav）、AIFF（拡張子.aiff/.aif）、Ultimate Soundtracker（拡張子.mod）などです。

　playAudioClipOnHoverEnteredおよびaudioClipForOnHoverEnteredの他にも、下表のとおりそれぞれのタイミングで効果音を発することができるプロパティが用意されており、書式1〜2に準じて使用することができます。

表3.5.7　効果音に関するプロパティ

効果音を発するタイミング	プロパティ
このインタラクターがホバリングを開始したとき	playAudioClipOnHoverEntered audioClipForOnHoverEntered
このインタラクターがホバリングを終了したとき	playAudioClipOnHoverExited audioClipForOnHoverExited
［XR Interaction Manager］の状態判断により自動的に、このインタラクターのホバリングがキャンセルされたとき	playAudioClipOnHoverCanceled audioClipForOnHoverCanceled
このインタラクターが選択を開始したとき	playAudioClipOnSelectEntered audioClipForOnSelectEntered
このインタラクターが選択を終了したときに	playAudioClipOnSelectExited audioClipForOnSelectExited
［XR Interaction Manager］の状態判断により自動的に、このインタラクターの選択がキャンセルされたとき	playAudioClipOnSelectCanceled audioClipForOnSelectCanceled

　なお、上記プロパティはその情報を取得することもでき、戻り値のデータ型は設定値と同様です。

　効果音の設定方法はスクリプトによる方法だけでなく、下図のとおりUnityエディターを用いてインタラクターのコンポーネント（この例では［XR Ray Interactor］）の［Audio Events］グループに設定することができます。
※本書の演習では、Unityエディターで設定せず、スクリプトを用います。★3.6.3

図3.5.3　Unity エディターによる効果音の設定

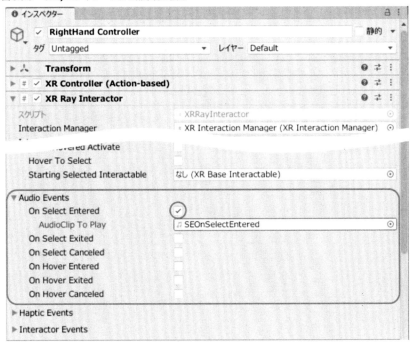

3.6　サンプルスクリプト（RaycastManager）

3.6.1　処理の概要

このサンプルスクリプトでは、次の処理を行います。

- レイがインタラクタブル（GrabbableCube）に接するとホバリングし、ホバリングを開始した際に呼ばれたイベントリスナー名およびホバリングしているインタラクター名とインタラクタブル名をパネルに表示します。
- ホバリングを終えると、ホバリングを終了した際に呼ばれたイベントリスナー名をパネルに表示します。
- ホバリング中にアクション［Select］が起動したとき、インタラクタブルが選択され、選択を開始した際に呼ばれたイベントリスナー名、ホバリングしているインタラクター名とインタラクタブル名および選択時にレイがヒットした位置をパネルに表示します。また、同時にコントローラーを振動させ、効果音を発します。
- アクション［Select］が停止したとき、選択を終了した際に呼ばれたイベントリスナー名をパネルに表示します。
- なお、必要なオブジェクトなどが適切に関連付けられていない場合は、エラーメッセージをパネルに表示します。
- また、エラーメッセージを表示するためのテキストボックスが関連付けられていない場合は、アプリを強制終了します。

図3.6.1　処理の概要（RaycastManager）

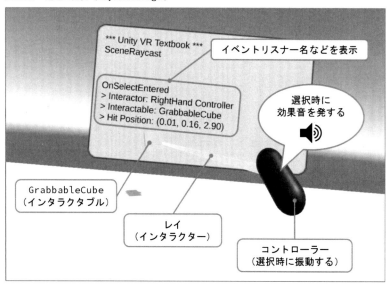

3.6.2　シーンの設定

（1）シーンの作成

［SceneXRController］を複製してシーンを作成します。

・【メニューバー】→［ファイル］→［シーンを開く］→フォルダー［Assets/Scenes］内の
　［SceneXRController］

・［ファイル］→［別名で保存］→［保存先］＝Assets/Scenes→［ファイル名］＝SceneRaycast→
　［保存］

（2）タイトルの修正

・【ヒエラルキー】→［Canvas］の下位階層にある［Title］→【インスペクター】→［TextMeshPro-Text
　(UI)］コンポーネント→［Text Input］＝「*** Unity VR Textbook ***（改行）SceneRaycast」に変更

（3）音源の準備

　インタラクタブルを選択したときに発する効果音の音源を用意します。音源は、ファイル形式が
mp3など（★3.5.6）で、再生時間が1〜3秒程度のものとし、これに適切なファイル名（ここでは
「SEOnSelectEntered」）を付けて、フォルダー［Assets/AudioClips］に格納します（下図参照）。
※音源が手元にない場合は、インターネット上の効果音のフリー素材を提供するサイトを利用する
のもよいでしょう。ただし、必ず利用規程を理解し遵守しましょう。

図3.6.2　効果音の音源

（4）スクリプトをアタッチするためのゲームオブジェクトの作成

・【メニューバー】→［ゲームオブジェクト］→［空のオブジェクトを作成］→【インスペクター】
　→［オブジェクト名］＝RaycastManager に変更

（5）シーンの保存

　シーンを上書き保存します。【メニューバー】→［ファイル］→［保存］

3.6.3　ソースコードおよび解説

（1） スクリプトファイルの作成
　フォルダー［Assets/Scripts］内にスクリプトファイル「RaycastManager」を作成します。★2.3.3(2)

（2） ソースコードおよび解説
　下記のサンプルスクリプトをコーディングしましょう。

● RaycastManager（その1）

```
01  using UnityEngine;
02  using UnityEngine.XR.Interaction.Toolkit;
03  using TMPro;
04  using static UnityVR.LibraryForVRTextbook;
05
06  namespace UnityVR
07  {
08      public class RaycastManager : MonoBehaviour
09      {
10          [SerializeField] TextMeshProUGUI displayMessage;
11          [SerializeField] XRRayInteractor rightRay;
12          [SerializeField] AudioClip soundEffect;
13
14          bool isReady;
15
```

・10〜12行目　エラーメッセージや処理の表示内容を格納するために、[SerializeField]属性のフィールド displayMessageを宣言します。スクリプトをアタッチ後にUnityエディターによりフィールド displayMessageとテキストボックス［Message2］を関連付けます。次に、右手部コントローラーのレイのインタラクターを格納するために、フィールドrightRayを宣言します。また、インタラクタブルを選択した際に発する効果音の音源を格納するために、フィールドsoundEffectを宣言します。★3.6.4(2)

・14行目　このクラスの処理に必要なコンポーネントなどの前準備ができているか否かを表すフラグisReady（bool型）を定義します。

● RaycastManager（その2）

```
16      void Awake()
17      {
18          if (displayMessage is null) { Application.Quit(); }
19
20          if (rightRay is null
21              || soundEffect is null)
```

```
22        {
23          isReady = false;
24          var errorMessage = "#rightRay or #soundEffect";
25          displayMessage.text
              ##> = $"{GetSourceFileName()}\r\nError: {errorMessage}";
26          return;
27        }
28
29        isReady = true;
30      }
31
```

・18行目　フィールドdisplayMessageの設定値に不備がある場合は、アプリを終了します。
・20〜27行目　フィールドrightRayおよびsoundEffectの設定値に不備がある場合は、フィールド
　isReadyにfalseを格納し、エラーメッセージをパネルに表示し、処理を中断します。

●RaycastManager（その3）

```
32      void OnEnable()
33      {
34        if (!isReady) { return; }
35
36        rightRay.useForceGrab = false;
37        rightRay.hitClosestOnly = true;
38
39        rightRay.hoverEntered.AddListener(OnHoverEntered);
40        rightRay.hoverExited.AddListener(OnHoverExited);
41        rightRay.selectEntered.AddListener(OnSelectEntered);
42        rightRay.selectExited.AddListener(OnSelectExited);
43
44        rightRay.playHapticsOnSelectEntered = true;
45        rightRay.hapticSelectEnterIntensity = 1f;
46        rightRay.hapticSelectEnterDuration = 0.5f;
47
48        rightRay.playAudioClipOnSelectEntered = true;
49        rightRay.audioClipForOnSelectEntered = soundEffect;
50      }
51
52      void OnDisable()
53      {
54        if (!isReady) { return; }
55
```

```
56        rightRay.hoverEntered.RemoveListener(OnHoverEntered);
57        rightRay.hoverExited.RemoveListener(OnHoverExited);
58        rightRay.selectEntered.RemoveListener(OnSelectEntered);
59        rightRay.selectExited.RemoveListener(OnSelectExited);
60    }
61
```

- 34行目　フィールド設定などに不備がある（フラグisReadyが真でない）場合、何もせずにメソッドを中断します。
- 36〜37行目　XRRayInteractor型のフィールドrightRayのプロパティの値を設定します。ここではuseForceGrabをfalseに設定し、選択時にインタラクタブルを手元に引き寄せないようにします。また、hitClosestOnlyをtrueに設定し、レイが複数のオブジェクトにヒットしても、最も手前にあるオブジェクトのみ操作対象とします。
- 39〜42行目　ホバリングの開始時・終了時および選択の開始時・終了時のイベントが発生した際のイベントリスナーを登録します。
- 44〜46行目　選択した際にコントローラーが振動するように設定します。
- 48〜49行目　選択した際に効果音を発するように設定します。
- 56〜59行目　OnEnableで登録したイベントリスナーを解除します。

● RaycastManager（その4）
```
62    void DisplayInteractions<T>(T args, string EventListenerName)
      ##> where T : BaseInteractionEventArgs
63    {
64    displayMessage.text = $"{EventListenerName}\r\n";
65
66    if (rightRay.hasHover)
67    {
68      var grabInteractable = args.interactableObject as XRGrabInteractable;
69      var grabInteractableName
        ##> = grabInteractable != null ? grabInteractable.name : "UnKnown";
70      displayMessage.text += $"> Interactor: {rightRay.name}\r\n"
71                          + $"> Interactable: {grabInteractableName}\r\n";
72    }
73
74    if (rightRay.hasSelection
75      && rightRay.TryGetCurrent3DRaycastHit(out var hit))
76    { displayMessage.text += $"> Hit Position: {hit.point}\r\n"; }
77    }
78
```

- 62行目　メソッド DisplayInteractions はインタラクションの局面（状態）をパネルに表示します。引数 args はイベントリスナーの引数をそのまま受け取ります。イベントリスナーの引数の型（HoverEnterEventArg 型など）の基底クラスは BaseInteractionEventArgs 型です。これを制約条件にしたジェネリックメソッドとして定義します。
- 64行目　イベントリスナー名をパネルに表示します。
- 66〜72行目　レイのインタラクターがホバリングしている場合は、引数からインタラクタブル名を取得し、レイインタラクター名とインタラクタブル名をパネルに表示します。
- 74〜76行目　レイインタラクターがインタラクタブルを選択している場合は、レイがヒットした位置の座標を求め、その値をパネルに表示します。なお、本書では紙面の都合上、わかりやすさを損なわないと思われる範囲で、本来複数行で記述するところを1行に詰めて記述することがあります。以下同様。

●RaycastManager（その5）

```
79       void OnHoverEntered(HoverEnterEventArgs args)
           ##> => DisplayInteractions(args, GetCallerMember());
80
81       void OnHoverExited(HoverExitEventArgs args)
           ##> => DisplayInteractions(args, GetCallerMember());
82
83       void OnSelectEntered(SelectEnterEventArgs args)
           ##> => DisplayInteractions(args, GetCallerMember());
84
85       void OnSelectExited(SelectExitEventArgs args)
           ##> => DisplayInteractions(args, GetCallerMember());
86    }
87  }
```

- 79、81行目　メソッド OnHoverEntered と OnHoverExited は、レイのインタラクターがホバリングを開始および終了した際に呼ばれるイベントリスナーです。メソッド DisplayInteractions により、インタラクションの局面（状態）をパネルに表示します。
- 83、85行目　同様に、メソッド OnSelectEntered と OnSelectExited はレイインタラクターが選択を開始および終了した際に呼ばれるイベントリスナーです。

（3）ソースコードの確認と保存

　コーディング完了後、エラーメッセージ・警告を確認し、入力ミスなどがあれば修正します。その後、スクリプトファイルを上書き保存します。

3.6.4　ビルド＆実行

（1） スクリプトのアタッチ

・【ヒエラルキー】→ ［RaycastManager］→ 【インスペクター】→ ［コンポーネントを追加］→
　［Scripts］→ ［UnityVR］→ ［RaycastManager］

（2） [SerializeField]属性のフィールドとオブジェクトなどの関連付け

［RaycastManager］コンポーネントの項目を次のとおり設定します。

・［displayMessage］＝ Message2
・［Right Ray］＝ RightHand Controller
・［Sound Effect］＝ SEOnSelectEntered

図3.6.3　[SerializeField] 属性のフィールドとオブジェクトなどの関連付け（RaycastManager）

（3） シーンの保存

シーンを上書き保存します。【メニューバー】→ ［ファイル］→ ［保存］

（4） プロダクト名の設定

・【メニューバー】→ ［編集］→ ［プロジェクト設定］→ ［プレイヤー］→ ［プロダクト名］＝適
　切なプロダクト名（ここでは「Raycast」）を入力

（5） ビルドするシーンの設定

・【メニューバー】→ ［ファイル］→ ［ビルド設定］→ ［ビルドに含まれるシーン］欄にあるシー
　ンをすべて削除 → ［シーンを追加］→ ［SceneRaycast］が登録されます。

図3.6.4　プロダクト名およびビルドするシーンの設定（Raycast）

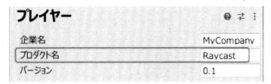

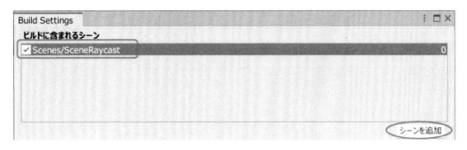

（6） プロジェクトの保存

【メニューバー】→［ファイル］→［プロジェクトを保存］

（7） ビルド＆実行

★1.5.2と同様にビルドの準備を行い、実行します。

・アプリの［保存先］＝ UnityProjects/UnityVR/Apps/AppRaycast

・Meta Quest2の場合：　［ファイル名］＝ Raycast.apk

（8） 実行結果

・下図のとおり、レイをインタラクタブル（GrabbableCube）に当てるとホバリングが開始され、その際に呼ばれたイベントリスナー名、ホバリングしているインタラクター名とインタラクタブル名がパネルに表示されます。

・レイを離すとホバリングが終了し、その際に呼ばれたイベントリスナー名がパネルに表示されます。

・ホバリング中にグリップを押し、インタラクタブル（GrabbableCube）を選択すると、その際に呼ばれたイベントリスナー名、ホバリングしているインタラクター名とインタラクタブル名および選択開始時にレイがヒットした位置の座標がパネルに表示されます。また、同時にコントローラーが振動し、効果音が聞こえます。

・グリップを離すと選択が終了し、その際に呼ばれたイベントリスナー名およびホバリングしているインタラクター名とインタラクタブル名がパネルに表示されます。

　※正しく動作しない場合は、★3.6.4の設定内容および★1.5.2(4)（正しく動作しない場合のチェックポイント）を確認します。

図3.6.5　SceneRaycastの実行結果

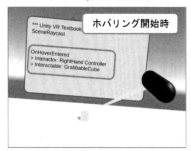
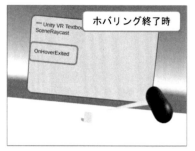

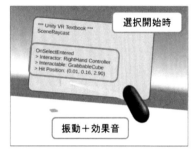
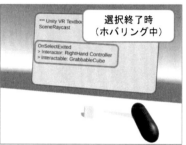

第4章　つかむ動作とソケット

4.1 つかむことができるインタラクタブルに関する命令と処理例

4.1.1 XR Grab Interactable コンポーネント

［XR Grab Interactable］は、つかむことができるオブジェクトに必要なインタラクタブル機能を有するコンポーネントです。第3章のレイキャストにおいても選択されるオブジェクト［GrabbableCube］には、このコンポーネントをアタッチしました。★3.1.1(4)

［XR Grab Interactable］コンポーネントの主な設定項目を下表に示します。

表4.1.1　［XR Grab Interactable］コンポーネントの主な設定項目

設定項目	説明
Interaction Manager	このインタラクタブルを管理する［XR Interaction Manager］ （未設定の場合はシーン内のマネージャーを自動的に検索し設定を試みる）
Interaction Layer Mask	指定したレイヤーと合致するレイヤーを持つインタラクターとのインタラクションを許可する
Movement Type	このインタラクタブルおよびこれに接したオブジェクトの挙動を指定する　★表4.1.2
Track Position	選択されたとき（つかまれたときに相当）、インタラクターによるアンカーの移動機能を有効にするか否か
Track Rotation	選択されたとき、インタラクターによるアンカーの回転機能を有効にするか否か
Attach Transform	つかまれる位置・向きの調整を行う
Interactable Events	このインタラクタブルに関するイベントリスナーを設定する　★4.1.4

表中にある［Movement Type］の設定値とその挙動を下表に示します。

表4.1.2　［Movement Type］の設定値とその挙動

Movement Type	インタラクターへの追従	このインタラクタブルに接したオブジェクトの挙動	
		リジッドボディなし	リジッドボディあり
Velocity Tracking	やや遅れあり	衝突（物理的）	衝突（物理的）
Kinematic	やや遅れあり	影響を受けない*	衝突（物理的）
Instantaneous	遅れなし	影響を受けない*	衝突（幾何的）

*インタラクタブルは接したオブジェクトをすり抜けて通過する

上表の［Movement Type］の挙動に関して補足します。
（a）インタラクターへの追従：［Instantaneous］のインタラクタブルは遅れなくインタラクターに追従し移動しますが、他の設定ではやや遅れることがあります。
（b）オブジェクトの挙動（リジッドボディなし）：［Velocity Tracking］のインタラクタブルが他のオブジェクト（リジッドボディなし）に接すると、そのオブジェクトは物理法則に従い衝突

しますが、他の設定では影響を受けず、インタラクタブルは接したオブジェクトをすり抜けて通過します。

（ｃ）オブジェクトの挙動（リジッドボディあり）： ［Instantaneous］のインタラクタブルが他のオブジェクト（リジッドボディあり）に接すると、そのオブジェクトは幾何的な位置・回転だけの関係を満たして衝突しますが、他の設定では幾何的関係を満たし、かつ力やトルクなどの物理的影響も受けて衝突します。

4.1.2　つかむことができるオブジェクトの作成

（1）シーンの作成

［SceneXRController］を複製して作成します。

・【メニューバー】→［ファイル］→［シーンを開く］→フォルダー［Assets/Scenes］内の
［SceneXRController］
・［ファイル］→［別名で保存］→［保存先］＝ Assets/Scenes →［ファイル名］＝ SceneGrabbableObject
→［保存］

（2）タイトルの修正

・【ヒエラルキー】→［Canvas］の下位階層にある［Title］→【インスペクター】→［TextMeshPro-Text
(UI)］コンポーネント→［Text Input］＝「*** Unity VR Textbook ***（改行）SceneGrabbableObject」
に変更

図 4.1.1　SceneGrabbableObject のタイトル

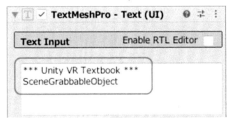

（3）テーブルの作成

本章の演習では、オブジェクトに直接触れる（レイを用いない）ため、テーブルを用意し、その上にオブジェクトを配置することにします。

・【メニューバー】→［ゲームオブジェクト］→［3D オブジェクト］→［キューブ］→【インスペクター】→［オブジェクト名］＝ Table に変更
・［Table］の［Transform］コンポーネント→［位置］＝ (0, 0.3, 0.6)、［回転］＝ (0, 0, 0)、［スケール］＝ (3, 0.6, 1)
・［Mesh Renderer］コンポーネント→［Materials］の［要素 0］＝ Gray　※この色がない場合は★
1.1.4(2)

図 4.1.2　テーブルの作成

（4） GrabbableCube の設定

（a）位置の設定：　テーブルの上にオブジェクト［GrabbableCube］を配置します。

- 【ヒエラルキー】→［GrabbableCube］→【インスペクター】→［Transform］コンポーネント
　→［位置］＝ (0.6, 0.7, 0.6)、［回転］＝ (0, 0, 0)、［スケール］＝ (0.2, 0.2, 0.2)

図 4.1.3　GrabbableCube の位置の設定

（b）持ち手部分の作成：　つかまれる位置や向きを調整する方法を学ぶために、持ち手部分を作成
　し、［GrabbableCube］に追加します。　※この方法は刀剣（ソード）やティーカップなどに応
　用できます。

- 【メニューバー】→［ゲームオブジェクト］→［3D オブジェクト］→［シリンダー］→【イン
　スペクター】→［オブジェクト名］＝ CubeGrip に変更

（c）親子関係の設定：【ヒエラルキー】にあるオブジェクト［CubeGrip］を［GrabbableCube］へ
　ドラッグ＆ドロップし、［GrabbableCube］の子に位置付けます（下図参照）。

（d）持ち手部分の位置・サイズ・色の設定

- ［CubeGrip］の［Transform］コンポーネント →［位置］＝ (0, 1, 0)、［回転］＝ (0, 0, 0)、［スケール］＝ (0.25, 0.5, 0.25)
- ［Mesh Renderer］コンポーネント →［Materials］の［要素 0］＝ Green

図 4.1.4　持ち手部分の作成

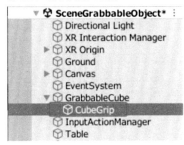

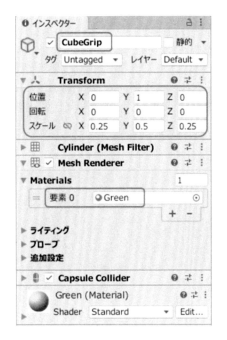

（e）［XR Grab Interactable］への適用
- 【ヒエラルキー】→［GrabbableCube］→【インスペクター】→［XR Grab Interactable］コンポーネント →［Attach Transform］＝ CubeGrip

図 4.1.5　［XR Grab Interactable］への適用

❶ インスペクター		ⓐ ⋮
✓ GrabbableCube		静的 ▾
タグ Untagged	▾ レイヤー Default	▾

▶ ⋏	**Transform**	❼ ⇄ ⋮
▶ ⊞	**Cube (Mesh Filter)**	❼ ⇄ ⋮
▶ ⊞ ✓	**Mesh Renderer**	❼ ⇄ ⋮
▶ ⬡ ✓	**Box Collider**	❼ ⇄ ⋮
▶ ◍	**Rigidbody**	❼ ⇄ ⋮
▼ ≠ ✓	**XR Grab Interactable**	❼ ⇄ ⋮

スクリプト	⋕ XRGrabInteractable	⊙
Interaction Manager	⋕ XR Interaction Manager (XR Interaction Manager) ⊙
Interaction . . .	
. . . Velocity Scale	1.5
Throw Angular Velocity Scale	1
Force Gravity On Detach	☐
Attach Transform	⋏ CubeGrip (Transform) ⊙
Attach Ease In Time	0.15
Attach Point Compatibility Mode	Default (Recommended) ▾
▶ Interactable Events	

（5）立方体の作成

　本章の演習で使用する立方体（リジッドボディなし）を2つ作成します。その使用方法については後述。★ 4.3.2(2)

- 【メニューバー】→［ゲームオブジェクト］→［3Dオブジェクト］→［キューブ］→【インスペクター】→［オブジェクト名］＝ LeftCube に変更
- ［LeftCube］の［Transform］コンポーネント →［位置］＝ (-0.2, 0.7, 0.6)、［回転］＝ (0, 0, 0)、［スケール］＝ (0.2, 0.2, 0.2)
- ［Mesh Renderer］コンポーネント →［Materials］の［要素0］＝ Blue
- 同様に、もう1つ立方体を作成し、［オブジェクト名］＝ RightCube、［位置］＝ (0.2, 0.7, 0.6) とします。

図 4.1.6　立方体の作成（LiftCube & RightCube）

（6）シーンの保存・配置されたオブジェクトの確認

シーンを上書き保存します。【メニューバー】→［ファイル］→［保存］

上記の作業により、シーン内に配置されたオブジェクトを下図に示します。

図4.1.7　シーン内に配置されたオブジェクト

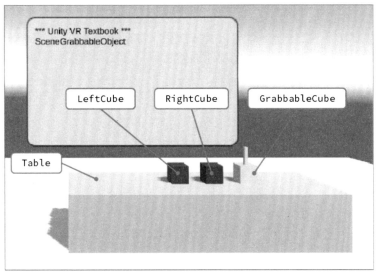

4.1.3　XRGrabInteractable型のプロパティ

スクリプトによりインタラクタブルの機能を設定することもできます。

＜インタラクタブルの設定を行う／情報を取得する＞

●書式

インタラクタブル名.プロパティ名 ＝ 設定値

　　※インタラクタブル名は任意の名前でXRGrabInteractable型など、
　　　プロパティ名と設定値は下表参照

●例

```
grabInteractable = GetComponent<XRGrabInteractable>()
（中略）
grabInteractable.trackRotation = false;
if (grabInteractable.trackPosition) { 処理 }
```

　書式のとおりインタラクタブル（XRGrabInteractable型など）のプロパティを使うと、インタラクタブルに関するさまざまな設定を行うことができます。プロパティへの設定内容は、次のフレーム以降に反映されます。また、例のようにプロパティの情報を得て、それに応じた処理を行うこと

も可能です。XRGrabInteractable型の基底クラスはXRBaseInteractable型です。

　ここではつかむことができるXRGrabInteractable型の主なプロパティと使用例を下表に示します。なお、プロパティの情報を取得する場合は、表中の「設定値」を「戻り値」に読み替えます。

表4.1.3　XRGrabInteractable型の主なプロパティ

プロパティ	説明
interactionLayers	指定したレイヤーと合致するレイヤーを持つインタラクターとのインタラクションを許可する　　※設定値はInteractionLayerMask型 例：grab.interactionLayers 　　　　 = InteractionLayerMask.GetMask("Default");
movementType	このインタラクタブルおよびこれに接したオブジェクトの挙動を指定する ※設定値は列挙型MovementType型（★表4.1.2） 例：grab.movementType 　　　　=XRBaseInteractable.MovementType.VelocityTracking;
trackPosition	選択されたとき（つかまれたときに相当）、インタラクターによるアンカーの移動機能を有効にするか否か　　※設定値はbool型 例：grab.trackPosition = true;
trackRotation	選択されたとき、インタラクターによるアンカーの回転機能を有効にするか否か 例：grab.trackRotation = false;　　※設定値はbool型
attachTransform	つかまれる位置・向きの調整を行う　　※設定値はTransform型 例：grab.attachTransform = transform.GetChild(0);
isHovered	このインタラクタブルが現在ホバリングされているか否か（Read Only） 例：if (grab.isHovered) { 処理 }　　※戻り値はbool型
isSelected	このインタラクタブルが現在選択されているか否か（Read Only） 例：if (grab.isSelected) { 処理 }　　※戻り値はbool型
name	このコンポーネントがアタッチされているオブジェクト名 例：name = grab.name;　　※戻り値はstring型
gameObject	このコンポーネントがアタッチされているオブジェクト　（Read Only） ※戻り値はGameObject型 例：pos = grab.gameObject.transform.position;

※例の変数grabはXRGrabInteractable型

4.1.4　インタラクタブルのイベントリスナー

　インタラクタブルの各イベントに応じて、イベントリスナーを呼び出すことができます。

＜インタラクタブルのイベントリスナーを登録／解除する＞

●書式1
```
インタラクタブル名.firstHoverEntered.AddListener(イベントリスナー名);
    ※インタラクタブル名は任意の名前でXRGrabInteractable型など、
      イベントリスナー名は任意の名前で、その定義は書式3参照、
      firstHoverEntered以外のイベント（下表参照）についても、この書式に準じる
```

●書式2
```
インタラクタブル名.firstHoverEntered.RemoveListener(イベントリスナー名);
```

●書式3
```
修飾子 void イベントリスナー名(型名 引数名) { 処理 }
    ※イベントリスナー名は任意の名前、
      型名はイベントに応じてHoverEnterEventArgsなど（下表参照）、引数名は任意の名前
```

●例
```
    grabInteractable = GetComponent<XRGrabInteractable>();
    （中略）
private void OnEnable()
{
    grabInteractable.selectEntered.AddListener(OnSelectEntered);
}

private void OnSelectEntered(SelectEnterEventArgs args){   処理   }
```

　書式1のとおりメソッド AddListener を使うと、インタラクタブルのイベントに応じて呼び出されるイベントリスナーを登録することができます。また、firstHoverEntered以外のイベント（下表参照）についても、この書式に準じて使用することができます。そして、書式2のとおりメソッドRemoveListenerを使うと、書式1で登録したイベントリスナーを解除することができます。イベントリスナーは書式3に従い定義します。引数の型はイベントに応じてHoverEnterEventArgsなど下表に示す型を使用します。これらの型の基底クラスはBaseInteractionEventArgs型です。

表4.1.4　インタラクタブルにおけるイベント

イベント	説明
firstHoverEntered	最初のインタラクターが単独でこのインタラクタブルにホバリングを開始したときに発生する（先行のインタラクターがホバリング中の場合、後続のインタラクターがホバリングを開始しても発生しない）
lastHoverExited	最後に残ったホバリング中のインタラクターがこのインタラクタブルのホバリングを終了したときに発生する
hoverEntered	インタラクターがこのインタラクタブルにホバリングを開始したときに発生する
hoverExited	インタラクターがこのインタラクタブルのホバリングを終了したときに発生する
firstSelectEntered	最初のインタラクターが単独でこのインタラクタブルの選択を開始したときに発生する（先行のインタラクターが選択中の場合、後続のインタラクターが選択を開始しても発生しない）
lastSelectExited	最後に残った選択中のインタラクターがこのインタラクタブルの選択を終了したときに発生する
selectEntered	インタラクターがこのインタラクタブルの選択を開始したときに発生する（先行のインタラクターが選択中も発生する）
selectExited	インタラクターがこのインタラクタブルの選択を終了したときに発生する
activated	インタラクターがこのインタラクタブルに対して特定の処理を実行するためのアクションを起動したときに発生する
deactivated	インタラクターがこのインタラクタブルに対して特定の処理を実行するためのアクションを停止したときに発生する

表4.1.5　イベントリスナーの引数の型

イベント	イベントリスナーの引数の型
firstHoverEntered	HoverEnterEventArgs
lastHoverExited	HoverExitEventArgs
hoverEntered	HoverEnterEventArgs
hoverExited	HoverExitEventArgs
firstSelectEntered	SelectEnterEventArgs
lastSelectExited	SelectExitEventArgs
selectEntered	SelectEnterEventArgs
selectExited	SelectExitEventArgs
activated	ActivateEventArgs
deactivated	DeactivateEventArgs

　★3.5.3では、イベントリスナーの引数から、インタラクターとインタラクタブルの双方の情報を得る方法を学びました。その方法は、インタラクタブルから呼び出されるイベントリスナーにおいても同様です。

●例
```
void OnActivated(ActivateEventArgs args)
{
```

```
        var directHand = args.interactorObject as XRDirectInteractor;
        var grabInteractable = args.interactableObject as XRGrabInteractable;
        （中略）
    }
```

　イベントリスナーを登録する方法はスクリプトによる方法だけでなく、下図のとおりUnityエディターを用いてインタラクタブルのコンポーネント（この例では［XR Grab Interactable]）の［Interactable Events］グループに登録することができます。その際、登録するイベントリスナーのアクセス修飾子は「public」など適切なものを設定します。
※なお、本章の演習ではUnityエディターで登録せず、スクリプトを用います。★4.4.3

図4.1.8　Unityエディターによるイベントリスナーの登録（XR Grab Interactable）

4.2　直接つかむ動作に関する命令と処理例

4.2.1　XR Direct Interactor コンポーネント

　［XR Direct Interactor］は、コントローラー（手部）でインタラクタブルに直接触れて操作するインタラクター機能を有するコンポーネントです。このコンポーネントの主な設定項目を下表に示します。表中の［Audio Events］、［Haptic Events］、［Interactor Events］については、［XR Ray Interactor］コンポーネントと同様です。★3.5.3、3.5.5、3.5.6

表4.2.1　［XR Direct Interactor］コンポーネントの主な設定項目

設定項目	説明
Interaction Manager	このインタラクターを管理する［XR Interaction Manager］ （未設定の場合はシーン内のマネージャーを自動的に検索し設定を試みる）
Interaction Layer Mask	指定したレイヤーと合致するレイヤーを持つインタラクタブルとのインタラクションを許可する
Attach Transform	つかむ位置・向きの調整を行う
Audio Events	効果音を発するためのイベントリスナーを設定する　★3.5.6
Haptic Events	振動させるためのイベントリスナーを設定する　★3.5.5
Interactor Events	このインタラクターに関するイベントリスナーを設定する　★3.5.3

4.2.2　つかむコントローラーの作成

（1）シーンを開く

　先に作成した［SceneGrabbableObject］を開きます。★4.1.2(1)

（2）不要なコンポーネントの削除

　［XR Origin］の下位階層にある［RightHand Controller］から、次に示す［XR Ray Interactor］関連のコンポーネントを削除します。

- XR Interactor Line Visual
- Line Renderer
- XR Ray Interactor

（3） ［XR Direct Interactor］関連のコンポーネントの追加

（a）［Sphere Collider］コンポーネントの追加：　コントローラー（手部）とインタラクタブルとの衝突判定に利用されます。

- ［RightHand Controller］→【インスペクター】→［コンポーネントを追加］→［Physics］→［Sphere

Collider]

[Sphere Collider] コンポーネントの項目を次のとおり設定します。指定項目以外はデフォルトのままとします。
- ・[トリガーにする] ＝オン
- ・[半径] ＝0.1　※つかむことができる範囲（手の大きさ）に相当します。
（b）[XR Direct Interactor] コンポーネントの追加：　つかむ動作（インタラクター機能）を提供します。
- ・[RightHand Controller] →【インスペクター】→ [コンポーネントを追加] → [XR] → [XR Direct Interactor] → 設定項目はデフォルトのまま

図4.2.1　つかむコントローラーの作成

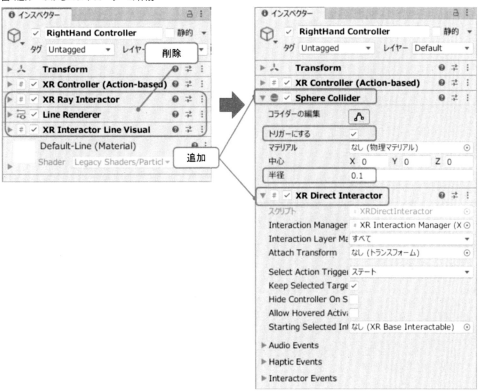

（4） シーンの保存
シーンを上書き保存します。【メニューバー】→ [ファイル] → [保存]

4.2.3 XRDirectInteractor型のプロパティとイベントリスナー

（1）プロパティ

　★3.5.2では、インタラクターのプロパティにより、インタラクターの各設定項目に値を設定すること、インタラクターのさまざまな情報を得ることを学びました。XRDirectInteractor型においても同様です。XRDirectInteractor型の基底クラスはXRBaseInteractor型です。

　XRDirectInteractor型の主なプロパティと使用例を下表に示します。なお、情報を取得する場合は表中の「設定値」を「戻り値」に読み替えます。

表4.2.2　XRDirectInteractor型の主なプロパティ

プロパティ	説明
interactionLayers	指定したレイヤーと合致するレイヤーを持つインタラクタブルとのインタラクションを許可する　※設定値はInteractionLayerMask型 例：directHand.interactionLayers 　　　　　　 = InteractionLayerMask.GetMask("Default");
hasHover	このインタラクターが現在ホバリングしているか否か（Read Only） 例：if (directHand.hasHover) { 処理 }　※戻り値はbool型
hasSelection	このインタラクターが現在選択しているか否か（Read Only） 例：if (directHand.hasSelection) { 処理 }　　※戻り値はbool型
name	このコンポーネントがアタッチされているオブジェクト名　　※戻り値はstring型 例：if (directHand.name == rightHand) { 処理 }
gameObject	このコンポーネントがアタッチされているオブジェクト（Read Only） ※戻り値はGameObject型 例：pos = directHand.gameObject.transform.position;

※例の変数directHandはXRDirectInteractor型

（2）イベントリスナー

　★3.5.3では、インタラクターの各イベントに応じて、イベントリスナーを呼び出す方法を学びました。また、イベントリスナーの引数からは、インタラクターおよびインタラクタブルの双方の情報を得ることができました。XRDirectInteractor型においても同様です。その例を次に示します。

```
●例
    [SerializeField] XRDirectInteractor rightHand;
    （中略）
private void OnEnable()
{
    rightHand.hoverEntered.AddListener(OnHoverEntered);
    （中略）
}

private void OnHoverEntered(HoverEnterEventArgs args)
{
    var interactable = args.interactableObject as XRGrabInteractable;
```

```
    （中略）
}
```

4.2.4 デバイスの振動と効果音

　★3.5.5および★3.5.6では、インタラクターの振動と効果音について学びました。XRDirectInteractor
型においても同様です。その例を次に示します。

●例
```
[SerializeField] XRDirectInteractor rightHand;
[SerializeField] AudioClip soundEffect;
（中略）
    rightHand.playHapticsOnSelectEntered = true;
    rightHand.hapticSelectEnterIntensity = 1f;
    rightHand.hapticSelectEnterDuration = 0.5f;

    rightHand.playAudioClipOnSelectEntered = true;
    rightHand.audioClipForOnSelectEntered = soundEffect;
```

　振動および効果音の設定方法はスクリプトによる方法だけでなく、下図のとおりUnityエディター
を用いて［XR Direct Interactor］コンポーネントの［Haptic Events］および［Audio Events］グルー
プに設定することができます。
※本書の演習では、Unityエディターで設定せず、スクリプトを用います。★4.4

図4.2.2　Unityエディターによる振動・効果音の設定（XR Direct Interactor）

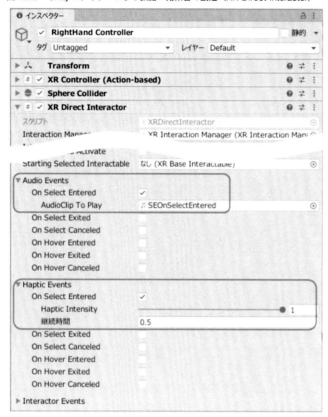

4.3　ソケットに関する命令と処理例

4.3.1　XR Socket Interactor コンポーネント

　ソケット（socket）は受け口、へこみなどの意味を持つ英単語ですが、「XR Interaction Toolkit」におけるソケットは、インタラクタブルをシーン内の特定の場所に収納するインタラクターのことです。ソケットは、コントローラーに付属するインタラクターと異なり、シーン内に配置されます。下表にソケットとそこに収まるオブジェクト（ターゲットとなるインタラクタブル）の例を示します。まず、ソケットのイメージを理解しましょう。

表4.3.1　ソケットの利用例

ソケット （インタラクター）	ソケットに収納されるオブジェクト （インタラクタブル）
電球ソケット	電球
燭台	ろうそく
鍵穴	鍵
宝箱の開口部	宝箱の蓋
トランプの山札	トランプカード
チェス盤のマス目	チェスの駒

　[XR Socket Interactor]は、ソケットを扱うことができるインタラクター機能を有するコンポーネントです。このコンポーネントの主な設定項目を下表に示します。なお、表中の「インタラクタブルのメッシュ」とは、ソケットの位置に表示されるインタラクタブルの形状のことです（下図参照）。

表4.3.2 ［XR Socket Interactor］コンポーネントの主な設定項目

設定項目	説明
Interaction Manager	このインタラクターを管理する［XR Interaction Manager］ （未設定の場合はシーン内のマネージャーを自動的に検索し設定を試みる）
Interaction Layer Mask	指定したレイヤーと合致するレイヤーを持つインタラクタブルとの インタラクションを許可する
Attach Transform	収納したインタラクタブルとソケットとの位置・向きの調整を行う
Starting Selected Interactable	このインタラクターが起動時に自動的に選択する（収納する）インタラクタブル
Show Interactable Hover Meshes	ホバリングしているインタラクタブルのメッシュをソケットの位置に表示するか 否か
Hover Mesh Material	前項のメッシュ表示時に使用されるマテリアル （未設定の場合はデフォルトの青色が使用される）
Can't Hover Mesh Material	ソケット内にすでに選択された先行のインタラクタブルがあり、後続の インタラクタブルがホバリングしているとき、メッシュ表示に使用される マテリアル（未設定の場合はデフォルトの赤色が使用される）
Interactor Events	このインタラクターに関するイベントリスナーを設定する ★3.5.3

図4.3.1 インタラクタブルのメッシュ

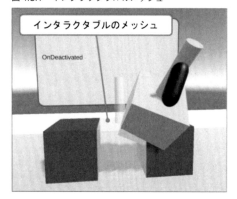

4.3.2 ソケットの作成

（1）シーンを開く

先に作成した［SceneGrabbableObject］を開きます。★4.1.2(1)

（2）ソケットの作成

・【メニューバー】→［ゲームオブジェクト］→［XR］→［Socket Interactor］→【インスペクター】
→［オブジェクト名］＝ CenterCubeSocket に変更 ※このオブジェクトの名称は、後述のサン
プルスクリプトにて、3つの立方体（Cube）を並べる処理を行う際に、その中央にソケットを
用いることを想定したものです。

・［CenterCubeSocket］の［Transform］コンポーネント →［位置］＝(0, 0.7, 0.6)、［回転］＝(0, 0, 0)、

［スケール］＝ (1, 1, 1)

※このソケットの位置は、先に作成した2つの立方体（LeftCube & RightCube）の間になります。ソケット自身は透明で見えませんが、プレイヤーは左右2つの立方体の存在によりソケットの位置を認識することができます。

図4.3.2　ソケットの作成

（3）位置調整用オブジェクトの作成

・【メニューバー】→［ゲームオブジェクト］→［空のオブジェクトを作成］→【インスペクター】→［オブジェクト名］＝ SocketTransform に変更

・【ヒエラルキー】の［SocketTransform］を［CenterCubeSocket］へドラッグ＆ドロップし、［CenterCubeSocket］の子に位置付けます（下図参照）。

・［SocketTransform］の［Transform］コンポーネント →［位置］＝ (0, 0.2, 0)、［回転］＝ (0, 0, 0)、［スケール］＝ (1, 1, 1)

※［GrabbableCube］に［CubeGrip］を付属させ、つかまれる位置を変更（★4.1.2）しましたが、その変更分をこのTransformにより補正します。具体的には、収納された［GrabbableCube］がテーブルの上に配置されるように高さを変更します。

図4.3.3　位置調整用オブジェクトの作成

（4）XR Socket Interactor の設定

［XR Socket Interactor］コンポーネントの項目を次のとおり設定します。指定項目以外はデフォルトのままとします。

・［Interaction Manager］＝ XR Interaction Manager

・［Attach Transform］＝ SocketTransform

・［Starting Selected Interactable］＝なし

- ［Show Interactable Hover Meshes］＝オン
- ［Hover Mesh Material］ ＝ TranslucentCyan

図 4.3.4 ［XR Socket Interactor］コンポーネントの設定

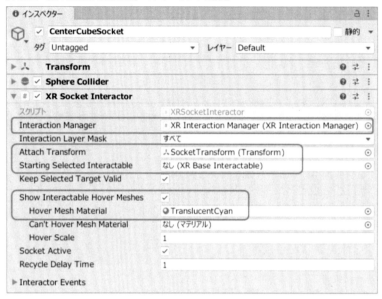

（5）シーンの保存

シーンを上書き保存します。【メニューバー】→［ファイル］→［保存］

4.3.3 XRSocketInteractor型のプロパティとイベントリスナー

（1）プロパティ

★3.5.2でインタラクターのプロパティにより、インタラクターの各設定項目に値を設定すること、インタラクターのさまざまな情報を得ることを学びました。XRSocketInteractor型においても同様です。XRSocketInteractor型の基底クラスはXRBaseInteractor型です。

XRSocketInteractor型の主なプロパティと使用例を下表に示します。なお、情報を取得する場合は表中の「設定値」を「戻り値」に読み替えます。

表4.3.3　XRSocketInteractor型の主なプロパティ

プロパティ	説明
interactionLayers	指定したレイヤーと合致するレイヤーを持つインタラクタブルとのインタラクションを許可する　　※設定値はInteractionLayerMask型 例：socket.interactionLayers 　　　　　　　= InteractionLayerMask.GetMask("Default");
showInteractable HoverMeshes	ホバリングしているインタラクタブルのメッシュをソケットの位置に表示するか否か 例：socket.showInteractableHoverMeshes = true;　　※設定値はbool型
hasHover	このインタラクターが現在ホバリングしているか否か（Read Only） 例：if (socket.hasHover) { 処理 }　　※戻り値はbool型
hasSelection	このインタラクターが現在選択しているか（収納しているか）否か（Read Only） 例：if (socket.hasSelection) { 処理 }　　※戻り値はbool型
name	このコンポーネントがアタッチされているオブジェクト名　　※戻り値はstring型 例：if (socket.name == space3) { 処理 }
gameObject	このコンポーネントがアタッチされているオブジェクト（Read Only） ※戻り値はGameObject型 例：pos = socket.gameObject.transform.position;

※例の変数socketはXRSocketInteractor型

（2）イベントリスナー

★3.5.3でインタラクターの各イベントに応じて、イベントリスナーを呼び出す方法を学びました。また、イベントリスナーの引数からは、インタラクターおよびインタラクタブルの双方の情報を得ることができました。XRSocketInteractor型においても同様です。

●例

```
[SerializeField] XRSocketInteractor socket;
 (中略)
private void OnEnable()
{
    socket.selectEntered.AddListener(OnSocketSelectEntered);
}

private void OnSocketSelectEntered(SelectEnterEventArgs args)
{
    var objectInSocket = args.interactableObject as XRGrabInteractable;
    (中略)
}
```

4.4 サンプルスクリプト（GrabbableObject-Manager／SocketManager）

4.4.1 処理の概要

このサンプルスクリプトでは、次の処理を行います。

・インタラクター［XR Direct Interactor］がホバリング中にアクション［Select］が起動したとき、インタラクタブル［GrabbableCube］を選択します（つかみます）。

・そして、選択中にアクション［Activate］が起動したとき、インタラクタブルを赤色に変更します。

・アクション［Activate］が停止したとき、またはアクション［Select］が停止したとき、元の色に戻します。

・パネルには、上記のインタラクションで呼び出されたイベントリスナー名を表示します。
　※ここまでの処理はスクリプト「GrabbableCubeManager」で行います。

・下図のとおり、青い2つの立方体の間にソケットを設定し、ソケットがインタラクタブルを選択したとき（ソケットにインタラクタブルが収納されたとき）、インタラクタブルを青色に変更します。そして、ソケットに収納されたインタラクタブル名をパネルに表示します。

・その選択が停止したとき（ソケットからインタラクタブルが取り出されたとき）、インタラクタブルを元の色に戻します。

・パネルには、上記のソケットに関する処理で呼び出されたイベントリスナー名を表示します。
　※このソケットに関する処理はスクリプト「SocketManager」で行います。

・なお、必要なオブジェクトなどが適切に関連付けられていない場合は、エラーメッセージをパネルに表示します。

・また、エラーメッセージを表示するためのテキストボックスが関連付けられていない場合は、アプリを強制終了します。
　※上記2項目の処理は、両スクリプトで行います。

図4.4.1　処理の概要（GrabbableCubeManager & SocketManager）

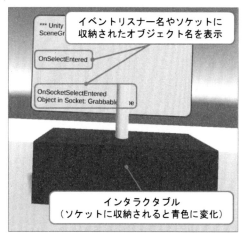

4.4.2　シーンの設定

（1）シーンを開く

先に作成した［SceneGrabbableObject］を開きます。★4.1.2(1)

（2）スクリプトをアタッチするためのゲームオブジェクトの作成

・【メニューバー】→［ゲームオブジェクト］→［空のオブジェクトを作成］→【インスペクター】
　→［オブジェクト名］＝ SocketManager に変更

図4.4.2　スクリプトをアタッチするためのゲームオブジェクトの作成

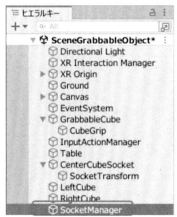

（3）シーンの保存

シーンを上書き保存します。【メニューバー】→［ファイル］→［保存］

4.4.3 ソースコードおよび解説（その1：GrabbableObjectManager）

（1）スクリプトファイルの作成

フォルダー［Assets/Scripts］内にスクリプトファイル「GrabbableObjectManager」を作成します。★2.3.3(2)

（2）ソースコードおよび解説

下記のサンプルスクリプトをコーディングしましょう。

● GrabbableObjectManager（その1）

```
01  using UnityEngine;
02  using UnityEngine.XR.Interaction.Toolkit;
03  using TMPro;
04  using static UnityVR.LibraryForVRTextbook;
05
06  namespace UnityVR
07  {
08    [RequireComponent(typeof(XRGrabInteractable))]
09
10    public class GrabbableObjectManager : MonoBehaviour
11    {
12      [SerializeField] TextMeshProUGUI displayMessage;
13
14      bool isReady;
15      XRGrabInteractable grabInteractable;
16      MeshRenderer meshRenderer;
17      Color normalColor;
18      static readonly Color ColorOnActivated = Color.red;
19
```

- 12行目　エラーメッセージや処理の表示内容を格納するために、[SerializeField]属性のフィールド displayMessageを宣言します。スクリプトをアタッチ後にUnityエディターによりフィールド displayMessageとテキストボックス［Message2］を関連付けます。★4.4.5(2)
- 14行目　このクラスの処理に必要なコンポーネントなどの前準備ができているか否かを表すフラグ isReady（bool型）を定義します。
- 15行目　このスクリプトがアタッチされているオブジェクトの［XR Grab Interactor］コンポーネントの情報を格納するために、フィールド grabInteractableを宣言します。
- 16～18行目　オブジェクト［GrabbableCube］の色を変化させるためのレンダラーを格納するためのフィールド meshRendererと、オブジェクト［GrabbableCube］の元の色を格納するためのフィールド normalColor、Activate時に使用する色を格納する定数 ColorOnActivatedを宣言します。

● GrabbableObjectManager（その2）

```
20      void Awake()
21      {
22        if (displayMessage is null) { Application.Quit(); }
23
24        grabInteractable = GetComponent<XRGrabInteractable>();
25        meshRenderer = GetComponent<MeshRenderer>();
26        if (grabInteractable is null
27          || meshRenderer is null || !meshRenderer.enabled)
28        {
29          isReady = false;
30          var errorMessage = "#grabInteractable or #meshRenderer";
31          displayMessage.text
             ##> = $"{GetSourceFileName()}\r\nError: {errorMessage}";
32          return;
33        }
34
35        isReady = true;
36      }
37
```

- 22行目　フィールドdisplayMessageの設定値に不備がある場合は、アプリを終了します。
- 24〜25行目　このスクリプトがアタッチされているオブジェクト［GrabbableCube］のコンポーネント［XR Grab Interactable］からインタラクタブルの情報を得て、フィールドgrabInteractableに格納します。また、オブジェクト［GrabbableCube］の色を変更するために、このオブジェクトのレンダラーをあらかじめ取得し、フィールドmeshRendererに格納します。
- 26〜33行目　フィールドgrabInteractableおよびmeshRendererの設定値に不備がある場合は、フィールドisReadyにfalseを格納し、エラーメッセージをパネルに表示し、処理を中断します。

● GrabbableObjectManager（その3）

```
38      void OnEnable()
39      {
40        if (!isReady) { return; }
41
42        normalColor = meshRenderer.material.color;
43
44        grabInteractable.selectEntered.AddListener(OnSelectEntered);
45        grabInteractable.selectExited.AddListener(OnSelectExited);
46        grabInteractable.activated.AddListener(OnActivated);
47        grabInteractable.deactivated.AddListener(OnDeactivated);
48      }
```

```
49
50      void OnDisable()
51      {
52        if (!isReady) { return; }
53
54        grabInteractable.selectEntered.RemoveListener(OnSelectEntered);
55        grabInteractable.selectExited.RemoveListener(OnSelectExited);
56        grabInteractable.activated.RemoveListener(OnActivated);
57        grabInteractable.deactivated.RemoveListener(OnDeactivated);
58      }
59
```

- 42行目　オブジェクト［GrabbableCube］の元の色を得て、フィールドnormalColorに格納します。
- 44〜47行目　grabInteractableの各イベントにおけるイベントリスナーを登録します。
- 54〜57行目　メソッドOnEnableで登録したイベントリスナーを解除します。

● GrabbableObjectManager（その4）

```
60      void OnSelectEntered(SelectEnterEventArgs args)
        ##> => displayMessage.text = $"{GetCallerMember()}\r\n";
61
62      void OnSelectExited(SelectExitEventArgs args)
63      {
64        displayMessage.text = $"{GetCallerMember()}\r\n";
65        meshRenderer.material.color = normalColor;
66      }
67
68      void OnActivated(ActivateEventArgs args)
69      {
70        displayMessage.text = $"{GetCallerMember()}\r\n";
71        meshRenderer.material.color = ColorOnActivated;
72      }
73
74      void OnDeactivated(DeactivateEventArgs args)
75      {
76        displayMessage.text = $"{GetCallerMember()}\r\n";
77        meshRenderer.material.color = normalColor;
78      }
79    }
80  }
```

- 60行目　メソッドOnSelectEnteredは、アクション［Select］が起動したときに呼ばれるイベント

リスナーです。イベントリスナー名をパネルに表示します。

・62〜66行目　メソッドOnSelectExitedは、アクション［Select］が停止したときに呼ばれるイベント
リスナーです。イベントリスナー名をパネルに表示し、オブジェクトの色を元の色（normalColor）
に戻します。

・68〜72行目　メソッドOnActivatedは、アクション［Activate］が起動したときに呼ばれるイベント
リスナーです。イベントリスナー名をパネルに表示し、オブジェクトの色をColorOnActivated（赤
色）に変更します。

・74〜78行目　メソッドOnDeactivatedは、アクション［Activate］が停止したときに呼ばれるイベ
ントリスナーです。メソッドOnSelectExitedと同様な処理を行います。

（3） ソースコードの確認と保存

　コーディング完了後、エラーメッセージ・警告を確認し、入力ミスなどがあれば修正します。そ
の後、スクリプトファイルを上書き保存します。

4.4.4 ソースコードおよび解説（その2：SocketManager）

(1) スクリプトファイルの作成

フォルダー [Assets/Scripts] 内にスクリプトファイル「SocketManager」を作成します。★2.3.3(2)

(2) ソースコードおよび解説

下記のサンプルスクリプトをコーディングしましょう。

● SocketManager（その1）

```
01  using UnityEngine;
02  using UnityEngine.XR.Interaction.Toolkit;
03  using TMPro;
04  using static UnityVR.LibraryForVRTextbook;
05
06  namespace UnityVR
07  {
08    public class SocketManager : MonoBehaviour
09    {
10      [SerializeField] TextMeshProUGUI displayMessage;
11      [SerializeField] XRSocketInteractor socket;
12
13      bool isReady;
14      Color normalColor;
15      static readonly Color ColorOnSocketSelect = Color.blue;
16
```

- 11行目　ソケットを扱うインタラクターを格納するために、フィールドsocketを宣言します。
- 15行目　ソケットがオブジェクトを選択したとき（ソケットにオブジェクトが収納されたとき）、オブジェクトの色を変更します。その色を格納するために定数ColorOnSocketSelectを定義します。

● SocketManager（その2）

```
17      void Awake()
18      {
19        if (displayMessage is null) { Application.Quit(); }
20
21        if (socket is null)
22        {
23          isReady = false;
24          var errorMessage = "#socket";
25          displayMessage.text
            ##> = $"{GetSourceFileName()}\r\nError: {errorMessage}";
26          return;
```

```
27        }
28
29      isReady = true;
30    }
31
```

・21〜27行目　フィールドsocketの設定値に不備がある場合は、フィールドisReadyにfalseを格納
　し、エラーメッセージをパネルに表示し、処理を中断します。

● SocketManager（その3）

```
32    void OnEnable()
33    {
34      if (!isReady) { return; }
35
36      socket.selectEntered.AddListener(OnSocketSelectEntered);
37      socket.selectExited.AddListener(OnSocketSelectExited);
38    }
39
40    void OnDisable()
41    {
42      if (!isReady) { return; }
43
44      socket.selectEntered.RemoveListener(OnSocketSelectEntered);
45      socket.selectExited.RemoveListener(OnSocketSelectExited);
46    }
47
```

・36〜37行目　ソケットの各イベントにおけるイベントリスナーを登録します。
・44〜45行目　メソッドOnEnableで登録したイベントリスナーを解除します。

● SocketManager（その4）

```
48    void OnSocketSelectEntered(SelectEnterEventArgs args)
49    {
50      var objectInSocket = args.interactableObject as XRGrabInteractable;
51      if (objectInSocket == null) { return; }
52
53      var message = $"Object in Socket: {objectInSocket.name}";
54      displayMessage.text = $"{GetCallerMember()}\r\n{message}\r\n";
55      var meshRenderer = objectInSocket.GetComponent<MeshRenderer>();
56      if (meshRenderer != null)
57      {
58        normalColor = meshRenderer.material.color;
```

```
59            meshRenderer.material.color = ColorOnSocketSelect;
60        }
61     }
62
63     void OnSocketSelectExited(SelectExitEventArgs args)
64     {
65        var objectInSocket = args.interactableObject as XRGrabInteractable;
66        if (objectInSocket == null) { return; }
67
68        displayMessage.text = $"{GetCallerMember()}\r\n";
69        var meshRenderer = objectInSocket.GetComponent<MeshRenderer>();
70        if (meshRenderer != null)
          ##> { meshRenderer.material.color = normalColor; }
71     }
72   }
73 }
```

- 48行目　メソッドOnSocketSelectEnteredは、ソケットがオブジェクトを選択したとき（ソケットにオブジェクトが収納されたとき）に呼ばれるイベントリスナーです。
- 50〜51行目　ソケットに選択（収納）されたオブジェクト（インタラクタブル）の情報を得て、変数objectInSocketに格納します。その値がnullなら処理を中断します。
- 53〜54行目　ソケットが選択したオブジェクト名をパネルに表示します。
- 55〜60行目　選択したオブジェクトのレンダラーを得て、変数meshRendererに格納します。meshRendererがnullでなければ、選択されたオブジェクトの元の色を変数normalColorに格納し、オブジェクトの色をColorOnSocketSelect（青色）に変更します。
- 63行目　メソッドOnSocketSelectExitedは、ソケットがオブジェクトの選択を停止したとき（ソケットからオブジェクトが取り出されたとき）に呼ばれるイベントリスナーです。
- 69〜70行目　選択したオブジェクトのmeshRendererがnullでなければ、オブジェクトを元の色に戻します。

（3） ソースコードの確認と保存

　コーディング完了後、エラーメッセージ・警告を確認し、入力ミスなどがあれば修正します。その後、スクリプトファイルを上書き保存します。

4.4.5　ビルド＆実行

（1）スクリプトのアタッチ（その1：GrabbableObjectManager）

・【ヒエラルキー】→［GrabbableCube］→【インスペクター】→［コンポーネントを追加］→［Scripts］
→［UnityVR］→［GrabbableObjectManager］

（2）［SerializeField]属性のフィールドとオブジェクトなどの関連付け（その1：
GrabbableObjectManager）

・【ヒエラルキー】→［GrabbableCube］→【インスペクター】→［GrabbableObjectManager］コン
ポーネント→［Display Message］＝Message2

図4.4.3　[SerializeField]属性のフィールドとオブジェクトなどの関連付け（その1：GrabbableObjectManager）

（3）スクリプトのアタッチ（その2：SocketManager）

・【ヒエラルキー】→［SocketManager］→【インスペクター】→［コンポーネントを追加］→［Scripts］
→［UnityVR］→［SocketManager］

（4）［SerializeField]属性のフィールドとオブジェクトなどの関連付け（その2：SocketManager）
［SocketManager］コンポーネントの項目を次のとおり設定します。

・［Display Message］＝Message4
・［Socket］＝CenterCubeSocket

図 4.4.4　[SerializeField] 属性のフィールドとオブジェクトなどの関連付け（その 2：SocketManager）

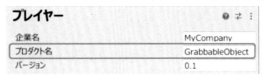

（5）シーンの保存

シーンを上書き保存します。【メニューバー】→［ファイル］→［保存］

（6）プロダクト名の設定

・【メニューバー】→［編集］→［プロジェクト設定］→［プレイヤー］→［プロダクト名］＝適
切なプロダクト名（ここでは「GrabbableObject」）を入力

（7）ビルドするシーンの設定

・【メニューバー】→［ファイル］→［ビルド設定］→［ビルドに含まれるシーン］欄にあるシー
ンをすべて削除 →［シーンを追加］→［SceneGrabbableObject］が登録されます。

図 4.4.5　プロダクト名およびビルドするシーンの設定（GrabbableObject）

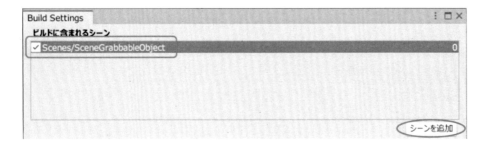

（8）プロジェクトの保存

【メニューバー】→［ファイル］→［プロジェクトを保存］

（9）ビルド＆実行

★ 1.5.2 と同様にビルドの準備を行い、実行します。

・アプリの［保存先］＝ UnityProjects/UnityVR/Apps/AppGrabbableObject

・Meta Quest2の場合： ［ファイル名］＝GrabbableObject.apk

(10) 実行結果

・下図のとおり、コントローラーをオブジェクト［GrabbableCube］に近づけてグリップを押すと、［GrabbableCube］をつかむことができます。そのつかむ位置は［CubeGrip］となります。

・つかんでいるときにトリガーを引くと、オブジェクトが赤色になります。

・また、青い2つの立方体の間にあるソケットにオブジェクトを近づけると、半透明のシアン色の［GrabbableCube］形状をしたメッシュが表示され、ソケットがホバリング状態であることがわかります。

・その状態でグリップを離すと、オブジェクトがソケットに収納され、オブジェクトが青色に変わります。また、収納されたオブジェクト名がパネルに表示されます。

・ソケットからオブジェクトを取り出すと、元の色に戻ります。

・パネルには、それぞれの処理で呼び出されたイベントリスナー名が表示されます。
　※正しく動作しない場合は、★4.4.5の設定内容および★1.5.2(4)（正しく動作しない場合のチェックポイント）を確認します。

図4.4.6　SceneGrabbableObject の実行結果

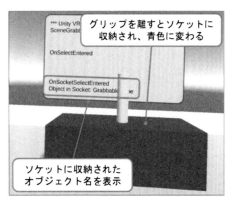

5

第5章　ユーザーインターフェ
イス
◉

5.1 ユーザーインターフェイスの作成

　Unityが提供するユーザーインターフェイス（user interface、以下UIという）は、ユーザーがコンピューターにデータを入力したり、コンピューターからの出力を得たりするためのオブジェクトのことです。下図のとおり、ボタン、スライダー、トグルなどが用意されています。VRではUIオブジェクト（ボタンやスライダーなど）をレイで操作することが一般的です。

図5.1.1　ユーザーインターフェイス

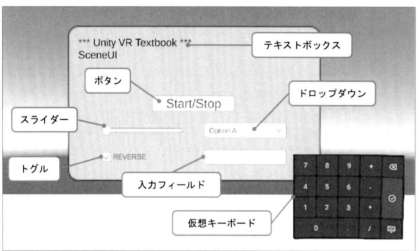

　前章までUIオブジェクトのテキストボックスを用いて、処理の局面（状態）などを示す情報を提示してきましたが、本章ではさらにUIオブジェクトのボタン、スライダー、ドロップダウン、トグル、入力フィールド（入力可能なテキストボックス）を扱います。

5.1.1　シーンの設定

（1）シーンの作成
［SceneXRController］を複製して作成します。
- 【メニューバー】→［ファイル］→［シーンを開く］→ フォルダー［Assets/Scenes］内の
  ［SceneXRController］
- ［ファイル］→［別名で保存］→［保存先］＝Assets/Scenes →［ファイル名］＝SceneUI →［保存］

（2）タイトルの修正
- 【ヒエラルキー】→［Canvas］の下位階層にある［Title］→【インスペクター】→［TextMeshPro-Text
  (UI)］コンポーネント →［Text Input］＝「*** Unity VR Textbook ***（改行）SceneUI」に変更

図5.1.2　SceneUIのタイトル

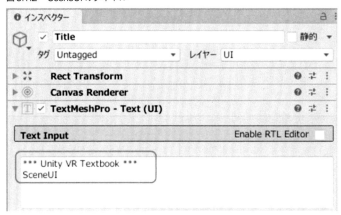

（3） 不要なオブジェクトの削除・オブジェクト名の変更

・【ヒエラルキー】→［Canvas］の下位階層にある［Message2］〜［Message4］を削除

・［Message1］→【インスペクター】→［オブジェクト名］＝Messageに変更

図5.1.3　削除するオブジェクト・名称変更するオブジェクト

5.1.2　ボタンの作成

（1） ボタンの作成

・【メニューバー】→［ゲームオブジェクト］→［UI］→［ボタン-TextMeshPro］

・作成された［Button］を［Panel］へドラッグ＆ドロップし、［Panel］の子として位置付ける（下図参照）

・［Button］の［Rect Transform］コンポーネント→［アンカープリセット］＝center-middle

・［ピボット］＝(0.5, 0.5)、［回転］＝(0, 0, 0)、［スケール］＝(0.2, 0.2, 0.2)

・［位置］＝(0, 0, 0)、［幅, 高さ］＝(160, 30)

図5.1.4 ボタンの作成

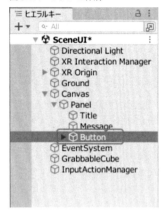

（2）ボタンのテキストの設定

・【ヒエラルキー】→［Button］の下位階層にある［Text（TMP）］→【インスペクター】→［TextMeshPro-Text（UI）］コンポーネント →［Text Input］＝ボタンに表示する文字列（ここでは「Start/Stop」）を入力
　※このボタンは、サンプルスクリプトにてオブジェクト［GrabbableCube］の回転を始動・停止するために使用します。

図5.1.5 ボタンのテキストの設定

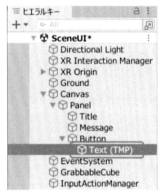

　ボタンのオン・オフは、［XR Controller］コンポーネントに設定されているアクション［UI Press Action］により操作することができます。他のUIオブジェクトについても同様です。

5.1.3 スライダーの作成

（1）スライダーの作成

・【メニューバー】→［ゲームオブジェクト］→［UI］→［スライダー］
・作成された［Slider］を［Panel］へドラッグ＆ドロップし、［Panel］の子として位置付ける（下図参照）
・［Slider］の［Rect Transform］コンポーネント →［アンカープリセット］＝center-middle

- ［ピボット］＝(0.5, 0.5)、［回転］＝(0, 0, 0)、［スケール］＝(0.2, 0.2, 0.2)
- ［位置］＝(-20, -10, 0)、［幅, 高さ］＝(160, 20)

図5.1.6　スライダーの作成

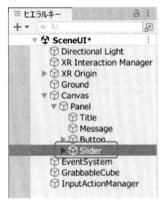

5.1.4　ドロップダウンの作成

（1）ドロップダウンの作成
- 【メニューバー】→［ゲームオブジェクト］→［UI］→［ドロップダウン-TextMeshPro］
- 作成された［Dropdown］を［Panel］へドラッグ＆ドロップし、［Panel］の子として位置付ける（下図参照）
- ［Dropdown］の［Rect Transform］コンポーネント→［アンカープリセット］＝center-middle
- ［ピボット］＝(0.5, 0.5)、［回転］＝(0, 0, 0)、［スケール］＝(0.2, 0.2, 0.2)
- ［位置］＝(20, -10, 0)、［幅, 高さ］＝(160, 30)

  ※［Dropdown-TextMeshPro］コンポーネントのOptions欄にはあらかじめ「Option A」などが設定されていますが、本章の演習ではスクリプトによりこの欄をクリアして再設定します。よって、Unityエディターでは変更せずに、初期設定のままにしておきます。

図5.1.7　ドロップダウンの作成

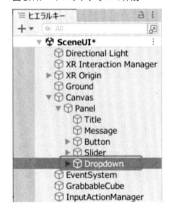

（2） ドロップダウンのラベルの設定

・【ヒエラルキー】→［Dropdown］の下位階層にある［Label］→【インスペクター】→［TextMeshPro-Text (UI)］コンポーネント →［Main Settings］グループの［Alignment］＝ (Center, Middle)

図5.1.8　ドロップダウンのラベルの設定

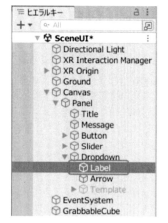 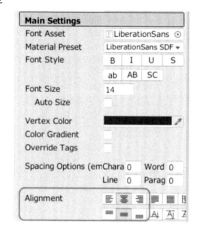

5.1.5　トグルの作成

（1） トグルの作成

・【メニューバー】→［ゲームオブジェクト］→［UI］→［トグル］
・作成された［Toggle］を［Panel］へドラッグ＆ドロップし、［Panel］の子として位置付ける（下図参照）
・［Toggle］の［Rect Transform］コンポーネント →［アンカープリセット］＝ center-middle
・［ピボット］＝ (0.5, 0.5)、［回転］＝ (0, 0, 0)、［スケール］＝ (0.2, 0.2, 0.2)
・［位置］＝ (-20, -20, 0)、［幅, 高さ］＝ (160, 20)

図5.1.9　トグルの作成

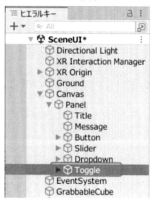 

（2） トグルのラベルの設定

・【ヒエラルキー】→［Toggle］の下位階層にある［Label］→【インスペクター】→［Text］コンポーネント →［テキスト］＝ラベルに表示する文字列（ここでは「REVERSE」）を入力
　※このトグルは、サンプルスクリプトにてオブジェクト［GrabbableCube］を逆回転させるために使用します。

図5.1.10　トグルのラベルの設定

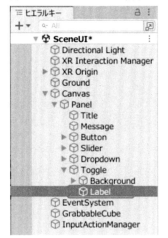

5.1.6　入力フィールドの作成

（1） 入力フィールドの作成

・【メニューバー】→［ゲームオブジェクト］→［UI］→［入力フィールド-TextMeshPro］
・作成された［InputField (TMP)］を［Panel］へドラッグ＆ドロップし、［Panel］の子として位置付ける（下図参照）
・［InputField (TMP)］の［Rect Transform］コンポーネント→［アンカープリセット］＝center-middle
・［ピボット］＝ (0.5, 0.5)、［回転］＝ (0, 0, 0)、［スケール］＝ (0.2, 0.2, 0.2)
・［位置］＝ (20, -20, 0)、［幅, 高さ］＝ (160, 20)

図 5.1.11　入力フィールドの作成

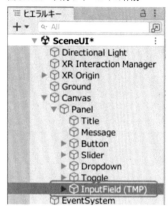 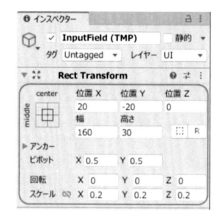

（2） 入力フィールドの Placeholder の設定

入力欄に入力を促す文字列を設定します。

・【ヒエラルキー】→［InputField (TMP)］の下位階層にある［Placeholder］→【インスペクター】
→［TextMeshPro-Text(UI)］コンポーネント→［Text Input］＝入力欄に表示する文字列（ここでは「Enter rotation speed.」）を入力

　※この入力フィールドは、サンプルスクリプトにて回転速度を入力するために使用します。

図 5.1.12　入力フィールドの Placeholder の設定

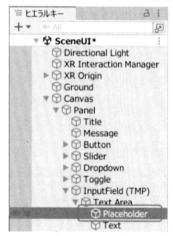 

（3） シーンの保存・配置された UI オブジェクトの確認

　シーンを上書き保存します。【メニューバー】→［ファイル］→［保存］

　上記の作業により、シーン内に配置されたボタン、スライダーなどの UI オブジェクトを下図に示します。

図5.1.13　シーン内に配置されたUIオブジェクト

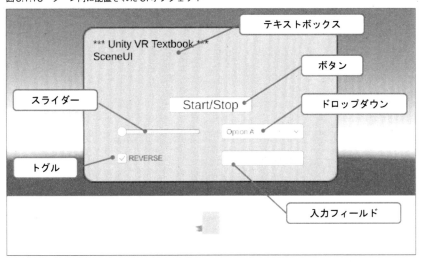

5.2 UIに関する命令と処理例

5.2.1 ボタンに関する処理

一般にVRでは、レイによりUIオブジェクトを操作し、イベントリスナーを呼び出して処理します。

＜ボタンのイベントリスナーを登録／解除する＞

●書式1
```
ボタン名.onClick.AddListener(イベントリスナー名);
    ※ボタン名は任意の名前でButton型、イベントリスナー名は任意の名前で、その定義は書式3参照
```

●書式2
```
ボタン名.onClick.RemoveListener(イベントリスナー名);
```

●書式3
```
修飾子 void イベントリスナー名() { 処理 }    ※イベントリスナー名は任意の名前
```

●例
```
using UnityEngine.UI;
 (中略)
    [SerializeField] Button button;
     (中略)
private void OnEnable()
{
    button.onClick.AddListener(OnButtonClicked);
}
private void OnButtonClicked() { 処理 }
```

書式1のとおりボタン（Button型）のプロパティonClickとメソッドAddListenerを使うと、ボタンがクリックされたときに呼び出されるイベントリスナーを登録することができます。また、書式2のとおりメソッドRemoveListenerを使うと、書式1で登録したイベントリスナーを解除することができます。イベントリスナーは書式3に従い定義します。なお、UIオブジェクト関連の命令を使うには、例のとおりあらかじめusingディレクティブで「UnityEngine.UI」を宣言する必要があります。

5.2.2 スライダーに関する処理

スクリプトによりスライダーの機能を設定することもできます。

<スライダーの設定を行う／情報を取得する>

●書式

スライダー名.プロパティ名 = 設定値

　　※スライダー名は任意の名前でSlider型、プロパティ名と設定値は下表参照

●例

```
using UnityEngine.UI;
 (中略)
    [SerializeField] Slider slider;
     (中略)
    slider.maxValue = 100f;
```

　書式のとおり、スライダー（Slider型）のプロパティによりさまざまな機能を設定することができます。その主なプロパティと使用例を下表に示します。また、プロパティから情報を得ることもできます。その場合は、表中の「設定値」を「戻り値」に読み替えます（以下同様）。

表5.2.1　Slider型の主なプロパティ

プロパティ	説明
interactable	インタラクションを許可するか否か　　※設定値はbool型 例：slider.interactable = false;
maxValue	スライダーで可変できる最大値　　※設定値はfloat型 例：slider.maxValue = 90f;
minValue	スライダーで可変できる最小値　　※設定値はfloat型 例：slider.minValue = -0.5f;
value	スライダーのハンドルが示す現在値　　※設定値はfloat型 例：slider.value = 1.0f;

　　　　　　　　　　　　　　　　　　※例の変数sliderはSlider型

※上表にあるプロパティ「interactable」により、スライダーのインタラクタブル機能を有効にするか無効にするかを指定することができます。このことは、プレイヤーが操作するレイ（インタラクター）とスライダーがインタラクションできるかどうかと等価であるため、表中の説明では「インタラクションを許可するか否か」と表現しています。他のUIオブジェクトの場合も同様です。

＜スライダーのイベントリスナーを登録／解除する＞

●書式1
スライダー名.onValueChanged.AddListener(イベントリスナー名);
　　※スライダー名は任意の名前でSlider型、イベントリスナー名は任意の名前で、その定義は書式3参照

●書式2
スライダー名.onValueChanged.RemoveListener(イベントリスナー名);

●書式3
修飾子 void イベントリスナー名(float 引数名) { 処理 }
　　※イベントリスナー名と引数名は任意の名前

●例
```
    [SerializeField] Slider slider;
     (中略)
private void OnEnable()
{
    slider.onValueChanged.AddListener(OnSliderValueChanged);
}

private void OnSliderValueChanged(float value) { 処理 }
```

　書式1のとおりスライダー（Slider型）のプロパティonValueChangedとメソッドAddListenerを使うと、スライダーのハンドルが操作されたときに呼び出されるイベントリスナーを登録することができます。また、書式2のとおりメソッドRemoveListenerを使うと、書式1で登録したイベントリスナーを解除することができます。イベントリスナーは書式3に従い定義します。この引数（float型）によりスライダーのハンドルの位置に応じた値を得ることができます。

5.2.3 ドロップダウンに関する処理

スクリプトによりドロップダウンの機能を設定することもできます。

<ドロップダウンの設定を行う／情報を取得する>

●書式
ドロップダウン名.プロパティ名 = 設定値
　　※ドロップダウン名は任意の名前でTMP_Dropdown型、プロパティ名と設定値は下表参照

●例
```
using UnityEngine.UI;
(中略)
    [SerializeField] TMP_Dropdown dropdown;
    (中略)
    dropdown.value = 0;
```

　書式のとおり、ドロップダウン（TMP_Dropdown型）のプロパティによりさまざまな機能を設定することができます。また、プロパティから情報を得ることもできます。その主なプロパティと使用例を下表に示します。

表5.2.2　TMP_Dropdown型の主なプロパティ

プロパティ	説明
interactable	インタラクションを許可するか否か　　※設定値はbool型 例：dropdown.interactable = false;
options	選択項目のリスト　　※設定値はList<TMP_Dropdown.OptionData>型 例：dropdown.options.Add(new TMP_Dropdown.OptionData("Normal Mode")); ※TMP_Dropdown.OptionData型のConstructor：　OptionData(string text)
value	現在の選択項目のインデックス番号（0は最初の選択項目を示す）　　※設定値はint型 例：dropdown.value = 0;

※例の変数dropdownはTMP_Dropdown型

　ドロップダウン（TMP_Dropdown型）のメソッドによりさまざまな操作ができます。その主なメソッドと使用例を下表に示します。

表5.2.3　TMP_Dropdown型の主なメソッド

メソッド	説明
void ClearOptions()	選択項目のリストを消去する 例：dropdown.ClearOptions();
void AddOptions(List<string> options)	引数のデータを選択項目に追加する 例：var options = new List<string> 　　　　　　　　{ "A Mode", "B Mode"}; 　　dropdown.AddOptions(options);
void AddOptions (List<TMP_Dropdown.OptionData> options)	同上（ただし、引数の型が異なる）
void RefreshShownValue()	選択項目のリストを更新する 例：dropdown.RefreshShownValue();

※例の変数dropdownはTMP_Dropdown型

＜ドロップダウンのイベントリスナーを登録／解除する＞

●書式1

ドロップダウン名.onValueChanged.AddListener(イベントリスナー名);

　　※ドロップダウン名は任意の名前でTMP_Dropdown型、

　　　イベントリスナー名は任意の名前で、その定義は書式3参照

●書式2

ドロップダウン名.onValueChanged.RemoveListener(イベントリスナー名);

●書式3

修飾子 void イベントリスナー名(int 引数名) { 処理 }

　　※イベントリスナー名と引数名は任意の名前

●例

```
    [SerializeField] TMP_Dropdown dropdown;
    （中略）
private void OnEnable()
{
    dropdown.onValueChanged.AddListener(OnDropdownValueChanged);
}


private void OnDropdownValueChanged(int index) { 処理 }
```

　書式1のとおりドロップダウン（TMP_Dropdown型）のプロパティonValueChangedとメソッド
AddListenerを使うと、ドロップダウンが操作されたときに呼び出されるイベントリスナーを登録
することができます。また、書式2のとおりメソッドRemoveListenerを使うと、書式1で登録した
イベントリスナーを解除することができます。イベントリスナーは書式3に従い定義します。この

引数（int型）により選択項目のインデックス番号を得ることができます。

5.2.4 トグルに関する処理

スクリプトによりトグルの機能を設定することもできます。

＜トグルの設定を行う／情報を取得する＞

●書式
トグル名.プロパティ名 ＝ 設定値
　　※トグル名は任意の名前でToggle型、プロパティ名と設定値は下表参照

●例
```
using UnityEngine.UI;
（中略）
    [SerializeField] Toggle toggle;
     （中略）
    toggle.interaction = true;
```

　書式のとおり、トグル（Toggle型）のプロパティによりさまざまな機能を設定することができます。また、プロパティから情報を得ることもできます。その主なプロパティと使用例を下表に示します。

表5.2.4　Toggle型の主なプロパティ

プロパティ	説明
interactable	インタラクションを許可するか否か　　※設定値はbool型 例：toggle.interactable = false;
isOn	チェックオン状態であるか否か　　※設定値はbool型 例：toggle.isOn = false;

※例の変数toggleはToggle型

＜トグルのイベントリスナーを登録／解除する＞

●書式1
トグル名.onValueChanged.AddListener(イベントリスナー名);
　　※トグル名は任意の名前でToggle型、イベントリスナー名は任意の名前で、その定義は書式3参照

●書式2
トグル名.onValueChanged.RemoveListener(イベントリスナー名);

●書式3
```
修飾子 void イベントリスナー名(bool 引数名) { 処理 }
    ※イベントリスナー名と引数名は任意の名前
```

●例
```
    [SerializeField] Toggle toggle;
    (中略)
private void OnEnable()
{
    toggle.onValueChanged.AddListener(OnToggleValueChanged);
}


private void OnToggleValueChanged(bool isOn) { 処理 }
```

　書式1のとおりトグル（Toggle型）のプロパティonValueChangedとメソッドAddListenerを使うと、トグルが操作されたときに呼び出されるイベントリスナーを登録することができます。また、書式2のとおりメソッドRemoveListenerを使うと、書式1で登録したイベントリスナーを解除することができます。イベントリスナーは書式3に従い定義します。この引数（bool型）により現在のトグルのチェック状態を得ることができます。

5.2.5　入力フィールドに関する処理

　スクリプトにより入力フィールドの機能を設定することもできます。

＜入力フィールドの設定を行う／情報を取得する＞

●書式
```
入力フィールド名.プロパティ名 = 設定値
    ※入力フィールド名は任意の名前でTMP_InputField型、プロパティ名と設定値は下表参照
```

●例
```
using UnityEngine.UI;
 (中略)
    [SerializeField] TMP_InputField inputField;
    (中略)
    inputField.contentType = TMP_InputField.ContentType.DecimalNumber;
```

　書式のとおり、入力フィールド（TMP_InputField型）のプロパティによりさまざまな機能を設定することができます。また、プロパティから情報を得ることもできます。その主なプロパティと使用例を下表に示します。

表5.2.5　TMP_InputField型の主なプロパティ

プロパティ	説明
interactable	インタラクションを許可するか否か　　※設定値はbool型 例：inputField.interactable = false;
contentType	入力できる文字種の制限・パスワードの文字隠しなど設定を行う ※設定値は列挙型TMP_InputField.ContentType型 主な列挙子 　・Standard：　　　　すべての文字種 　・IntegerNumber：　数字のみ 　・DecimalNumber：　数字、小数点、符号 　・Alphanumeric：　A-Z、a-z、0-9 　・Password：　　　　英数字、記号（入力後「＊」で文字を隠す） 例：inputField.contentType 　　　　　　　　= TMP_InputField.ContentType.Password;

※例の変数inputFieldはTMP_InputField型

＜入力フィールドのイベントリスナーを登録／解除する＞

●書式1

入力フィールド名.onEndEdit.AddListener(イベントリスナー名);

　　※入力フィールド名は任意の名前でTMP_InputField型、
　　　イベントリスナー名は任意の名前で、その定義は書式3参照

●書式2

入力フィールド名.onEndEdit.RemoveListener(イベントリスナー名);

●書式3

修飾子 void イベントリスナー名(string 引数名) { 処理 }

　　※イベントリスナー名と引数名は任意の名前

●例

```
    [SerializeField] TMP_InputField inputField;
    （中略）
private void OnEnable()
{
    inputField.contentType = TMP_InputField.ContentType.DecimalNumber;
    inputField.onEndEdit.AddListener(OnInputFieldEndEdit);
}


private void OnInputFieldEndEdit(string text) { 処理 }
```

　書式1のとおり入力フィールド（TMP_InputField型）のプロパティonEndEditとメソッド
AddListenerを使うと、入力フィールドへの入力が完了したときに呼び出されるイベントリスナー

を登録することができます。また、書式2のとおりメソッド RemoveListener を使うと、書式1で登録したイベントリスナーを解除することができます。イベントリスナーは書式3に従い定義します。この引数（string型）により入力されたテキストを得ることができます。

5.2.6　仮想キーボードの設定

（1）入力フィールドへの入力方法

　入力フィールドへデータを入力するには、入力フィールドがフォーカスを受けたとき VR 空間に仮想キーボード（virtual keyboard、またはスクリーンキーボード on-screen keyboard）を表示させ、これをレイで操作し入力します。しかし、Android プラットフォームでは、仮想キーボードを起動させるために、マニフェストファイル「AndroidManifest.xml」に仮想キーボードの設定を記述する必要があります。一方、Windows MR の場合は特別な準備をしなくとも、フォーカス時に仮想キーボードが起動します。

※ヘッドセット Meta Quest2 を使用する場合は、以下のとおり設定します。Windows MR を使用する場合は★5.3へ進んでください。

（2）AndroidManifest.xml の作成

　・【メニューバー】→［編集］→［プロジェクト設定］→［プレイヤー］→［Android］タブ→［公開設定］の［▶］→［ビルド］グループの［カスタムメインマニフェスト］＝オン→すると、下図のとおりフォルダー［Assets/Plugins/Android］内にマニフェストファイル「AndroidManifest.xml」が自動的に作成されます。

図5.2.1 AndroidManifest.xml の作成

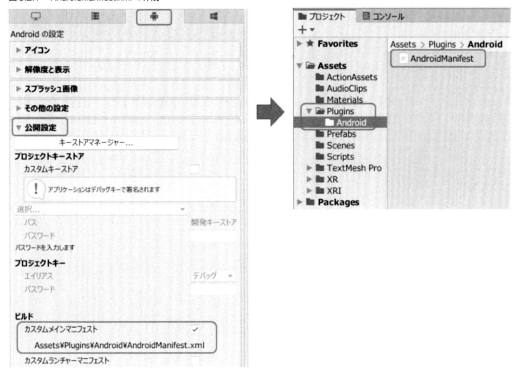

（3）仮想キーボードの設定

ファイル「AndroidManifest.xml」をスクリプトエディターで開きます。そして、仮想キーボード
を利用するための命令文を、下記のとおり16行目に追加します。なお、ソースコード内の「##>」
は、1行の文が長く紙面に収まらないため、改行して表記しています。実際に入力する際は「##>」
を入力せず改行しないで1行で書いてください。

● AndroidManifest.xml への仮想キーボード機能の追加

```
01    <?xml version="1.0" encoding="utf-8"?>
02    <manifest
（中略）
14        </activity>
15      </application>
16      <uses-feature android:name="oculus.software.overlay_keyboard"
        ##> android:required="false"/>
17    </manifest>
```

上記のAndroidManifest.xmlにより、入力フィールドがフォーカスされると、仮想キーボードが表
示されます。なお、プロパティcontentTypeの設定値により、仮想キーボードの表示形態（モード）
が異なります（下図参照）。

図5.2.2　Meta Quest2の仮想キーボード

*** Unity VR Textbook ***
SceneUI
Rotation Speed: 90.0 [deg/s]
Start/Stop
REVERSE
Normal Mode
VR空間に表示された仮想キーボード

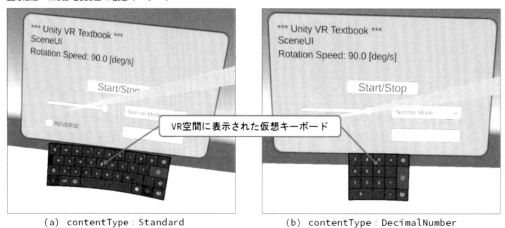

（a） contentType：Standard　　（b） contentType：DecimalNumber

Meta Quest2の仮想キーボードは、英語、スペイン語、ドイツ語、イタリア語、フランス語、ポルトガル語、オランダ語、トルコ語、ロシア語、韓国語、日本語に対応しています（下図参照）。ただし、入力した文字を表示するには、言語に対応したTextMeshProのフォント設定が別途必要となります。TextMeshProのフォント設定の詳細については、Unityの入門書などを参照してください。

図5.2.3　Meta Quest2の仮想キーボードの対応言語

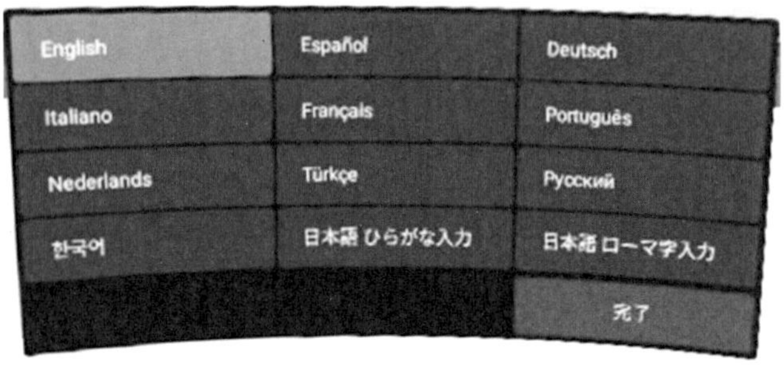

English
Español
Deutsch
Italiano
Français
Português
Nederlands
Türkçe
Русский
한국어
日本語 ひらがな入力
日本語 ローマ字入力
完了

5.3　サンプルスクリプト（UIManager）

5.3.1　処理の概要

このサンプルスクリプトでは、次の処理を行います。

・まず、［Start/Stop］ボタンをパネル上に表示します。他のUIオブジェクト（スライダーなど）
　は、この段階ではインタラクションを不許可の状態（プロパティinteractable＝false）にしてお
　きます。

・レイがボタンに触れ、アクション［UI Press］が起動したとき、他のUIオブジェクトのインタラ
　クションを許可します。また、オブジェクト［GrabbableCube］もアクティブにし、シーン内に
　表示します。

・オブジェクト［GrabbableCube］を指定した回転速度で回転させ、その回転速度（単位：度/秒）
　はパネル上部に表示します。

・スライダーにより回転速度を変化できるようにします。

・その可変範囲は「Normal Mode」（0〜90度/秒）と「High Speed Mode」（0〜720度/秒）の2種類
　とし、これらをドロップダウンで選択できるようにします。

・回転方向を逆転するために「REVERSE」というラベルを持ったトグルを用意します。

・また、入力フィールドを設け、仮想キーボードから回転速度を入力できるようにします。なお、
　入力データが実数に変換できない場合は、入力前の回転速度を維持するものとします。

・再び［Start/Stop］ボタンが押されたときには、他のUIオブジェクトのインタラクションを不許
　可に、オブジェクト［GrabbableCube］を非アクティブにし、パネルにある回転速度の表示部分
　は空文字にします。

・なお、必要なUIオブジェクトなどが適切にフィールドに関連付けられていない場合は、エラー
　メッセージをパネルに表示します。

・また、エラーメッセージを表示するためのテキストボックスが関連付けられていない場合は、ア
　プリを強制終了します。

図 5.3.1　処理の概要（UI Manager）

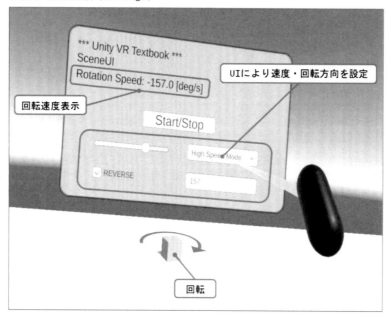

5.3.2　シーンの設定

（1）シーンを開く

先に作成した［SceneUI］を開きます。★5.1.1(1)

（2）スクリプトをアタッチするためのゲームオブジェクトの作成

・【メニューバー】→［ゲームオブジェクト］→［空のオブジェクトを作成］→【インスペクター】
　→［オブジェクト名］＝UIManager に変更

（3）シーンの保存

シーンを上書き保存します。【メニューバー】→［ファイル］→［保存］

5.3.3　ソースコードおよび解説

（1）スクリプトファイルの作成

フォルダー［Assets/Scripts］内にスクリプトファイル「UIManager」を作成します。★2.3.3(2)

（2）ソースコードおよび解説

下記のサンプルスクリプトをコーディングしましょう。

● UIManager（その1）

```
01  using System.Collections.Generic;
02  using UnityEngine;
03  using UnityEngine.UI;
04  using TMPro;
05  using static UnityVR.LibraryForVRTextbook;
06
07  namespace UnityVR
08  {
09    public class UIManager : MonoBehaviour
10    {
11      [SerializeField] TextMeshProUGUI displayMessage;
12      [SerializeField] GameObject targetObject;
13      [SerializeField] Button buttonForStart;
14      [SerializeField] Slider sliderForSpeed;
15      [SerializeField] TMP_Dropdown dropdownForSpeedMode;
16      [SerializeField] Toggle toggleForReverse;
17      [SerializeField] TMP_InputField inputFieldForSpeed;
18
```

- ・11〜12行目　エラーメッセージや処理の表示内容を格納するために、[SerializeField]属性のフィールド displayMessage を宣言します。スクリプトをアタッチ後にUnityエディターによりフィールド displayMessage とテキストボックス［Message］を関連付けます（★5.3.4(2)）。次に、回転させるゲームオブジェクトを格納するために、フィールド tragetObject を宣言します。

- ・13〜17行目　ボタンなどのUIオブジェクトを格納するために、フィールド buttonForStart などを宣言します。なお、15、17行目の型名は Dropdown 型、InputField 型ではなく、TMP_Dropdown 型、TMP_InputField 型であることに留意します。★5.3.4(2)

● UIManager（その2）

```
19      bool isReady;
20      bool hasStarted;
21      static readonly IReadOnlyList
        ##> <(string modeName, float maxSpeed)> SpeedModeData
22      = new[]
23      {
24        ("Normal Mode", 90f),
25        ("High Speed Mode", 720f),
26      };
27      float rotationSpeed = SpeedModeData[0].maxSpeed;
28      int rotationSign = 1;
29
```

- 19〜20行目　このクラスの処理に必要なコンポーネントなどの前準備ができているか否かを表すフラグ isReady（bool型）を定義します。また、オブジェクトの回転処理の開始を表すフラグ hasStarted を定義します。
- 21〜26行目　オブジェクトの回転速度の可変範囲は「Normal Mode」（0〜90度/秒）と「High Speed Mode」（0〜720度/秒）の2種類とします。回転モード名と最大速度をタプルとして1つにまとめ、それを定数のリスト SpeedModeData として定義します。リスト内の要素も定数にするため、IReadOnlyList型を用います。

●UIManager（その3）

```
30    void Awake()
31    {
32      if (displayMessage is null) { Application.Quit(); }
33
34      if (targetObject is null || buttonForStart is null
35        || sliderForSpeed is null || dropdownForSpeedMode is null
36        || toggleForReverse is null || inputFieldForSpeed is null)
37      {
38        isReady = false;
39        var errorMessage = "#targetObject or #UI Objects";
40        displayMessage.text
           ##> = $"{GetSourceFileName()}\r\nError: {errorMessage}";
41        return;
42      }
43
44      isReady = true;
45    }
46
```

- 32行目　フィールド displayMessage の設定値に不備がある場合は、アプリを終了します。
- 34〜42行目　フィールド targetObject および UI オブジェクトのフィールドの設定値に不備がある場合は、フィールド isReady に false を格納し、エラーメッセージをパネルに表示し、処理を中断します。

●UIManager（その4）

```
47    void OnEnable()
48    {
49      if (!isReady) { return; }
50
51      buttonForStart.onClick.AddListener(OnButtonClicked);
52
53      sliderForSpeed.maxValue = SpeedModeData[0].maxSpeed;
```

```
54      sliderForSpeed.minValue = 0;
55      sliderForSpeed.value = rotationSpeed;
56      sliderForSpeed.onValueChanged.AddListener(OnSliderValueChanged);
57
58      dropdownForSpeedMode.ClearOptions();
59      foreach (var (modeName, _) in SpeedModeData)
60      {
61        dropdownForSpeedMode.options.Add
            ##> (new TMP_Dropdown.OptionData(modeName));
62      }
63      dropdownForSpeedMode.value = 0;
64      dropdownForSpeedMode.RefreshShownValue();
65      dropdownForSpeedMode.onValueChanged.AddListener(OnDropdownValueChanged);
66
67      toggleForReverse.isOn = false;
68      toggleForReverse.onValueChanged.AddListener(OnToggleValueChanged);
69
70      inputFieldForSpeed.contentType
          ##> = TMP_InputField.ContentType.DecimalNumber;
71      inputFieldForSpeed.onSelect.AddListener(OnInputFieldSelect);
72      inputFieldForSpeed.onEndEdit.AddListener(OnInputFieldEndEdit);
73
74      hasStarted = true;
75      OnButtonClicked();
76    }
77
```

- 51行目　ボタンがクリックされたときに呼ばれるイベントリスナーを登録します。
- 53〜56行目　スライダーの可変範囲などを設定し、スライダーのハンドルが操作されたときに呼ばれるイベントリスナーを登録します。
- 58〜65行目　ドロップダウンの選択項目のリストなどを設定し、ドロップダウンが操作されたときに呼ばれるイベントリスナーを登録します。
- 67〜68行目　トグルの初期化を行い、トグルが操作されたときに呼ばれるイベントリスナーを登録します。
- 70〜72行目　入力フィールドの入力文字種の制限を設定します。そして、入力フィールドがフォーカスされたとき（onSelect）、および入力が完了したとき（onEndEdit）に呼ばれるイベントリスナーを登録します。
- 74〜75行目　ボタン以外のUIオブジェクトのインタラクションを不許可にするため、フィールドhasStartedにtrueを格納してから、メソッドOnButtonClicked（詳細は99〜108行目）を呼び出します。

● UIManager（その5）

```
78      void OnDisable()
79      {
80        if (!isReady) { return; }
81
82        buttonForStart.onClick.RemoveListener(OnButtonClicked);
83        sliderForSpeed.onValueChanged.RemoveListener(OnSliderValueChanged);
84        dropdownForSpeedMode.onValueChanged.RemoveListener
            ##> (OnDropdownValueChanged);
85        toggleForReverse.onValueChanged.RemoveListener(OnToggleValueChanged);
86        inputFieldForSpeed.onSelect.RemoveListener(OnInputFieldSelect);
87        inputFieldForSpeed.onEndEdit.RemoveListener(OnInputFieldEndEdit);
88      }
89
90      void Update()
91      {
92        if (!isReady || !hasStarted) { return; }
93
94        var angularVelocity = rotationSign * rotationSpeed * Vector3.up;
95        targetObject.transform.Rotate(angularVelocity * Time.deltaTime);
96        displayMessage.text
            ##> = $"Rotation Speed: {rotationSign * rotationSpeed:F1} [deg/s]";
97      }
98
```

・82〜87行目　メソッドOnEnableで登録したイベントリスナーを解除します。
・94〜96行目　フレームが更新されるたびに回転角を算出し、オブジェクトを回転させます。そして、その回転速度をパネルに表示します。

● UIManager（その6）

```
99       void OnButtonClicked()
100      {
101        hasStarted = !hasStarted;
102        targetObject.SetActive(hasStarted);
103        sliderForSpeed.interactable = hasStarted;
104        dropdownForSpeedMode.interactable = hasStarted;
105        toggleForReverse.interactable = hasStarted;
106        inputFieldForSpeed.interactable = hasStarted;
107        displayMessage.text = "";
108      }
109
```

```
110        void OnSliderValueChanged(float value) => rotationSpeed = value;
111
112        void OnDropdownValueChanged(int index)
113         => sliderForSpeed.maxValue = SpeedModeData[index].maxSpeed;
114
115        void OnToggleValueChanged(bool isOn) => rotationSign = isOn ? -1 : 1;
116
117        void OnInputFieldSelect(string text) => inputFieldForSpeed.text = "";
118
119        void OnInputFieldEndEdit(string text)
120         => rotationSpeed
             ##> = float.TryParse(text, out var num) ? num : rotationSpeed;
121    }
122  }
```

- 99～108行目　メソッド OnButtonClicked は、ボタンがクリックされたときに呼ばれるイベントリスナーです。呼ばれるたびにフィールド hasStarted（bool 型）の値を反転させます。そして、UI オブジェクトのインタラクションの状態および回転するオブジェクトのアクティブ状態を設定します。

- 110行目　メソッド OnSliderValueChanged は、スライダーが操作されたときに呼ばれるイベントリスナーです。スライダーのハンドル位置に応じた値をフィールド rotationSpeed に格納します。

- 112～113行目　メソッド OnDropdownValueChanged は、ドロップダウンが操作されたときに呼ばれるイベントリスナーです。選択された回転速度モードに応じて、リスト SpeedModeData の要素の値（指定されたモードの最大速度）を得て、スライダーのプロパティ maxValue に格納します。

- 115行目　メソッド OnToggleValueChanged は、トグルが操作されたときに呼ばれるイベントリスナーです。トグルがチェックされたときに「-1」を、そうでないときは「1」をフィールド rotationSign に格納します。なお、回転の速さに rotationSign を乗算することで、回転の向き（時計回り or 反時計回り）を定めています（94行目）。

- 117行目　メソッド OnInputFieldSelect は、入力フィールドがフォーカスされたときに呼ばれるイベントリスナーです。フォーカスされたときに、以前の入力値を削除し初期化するために、入力フィールドのテキストの値を空文字にします。

- 119～120行目　メソッド OnInputFieldEndEdit は、入力フィールドへの入力が完了したときに呼ばれるイベントリスナーです。引数 text から得られた入力データ (string 型) を float.TryParse により実数（float 型）に変換します。変換に成功した場合はその値をフィールド rotationSpeed に格納し、そうでない場合は以前の値を維持します。

（3） ソースコードの確認と保存

　コーディング完了後、エラーメッセージ・警告を確認し、入力ミスなどがあれば修正します。その後、スクリプトファイルを上書き保存します。

5.3.4　ビルド＆実行

（1） スクリプトのアタッチ

・【ヒエラルキー】→［UIManager］→【インスペクター】→［コンポーネントを追加］→［Scripts］
　→［Unity VR］→［UIManager］

（2） ［SerializeField］属性のフィールドとオブジェクトなどの関連付け

・【ヒエラルキー】→［UIManager］→【インスペクター】→［UIManager］コンポーネントについ
　て、次のとおりフィールドにオブジェクトなどを関連付けます。

・［displayMessage］＝ Message

・［ターゲットオブジェクト］（TargetObject）＝ GrabbableCube

・［Button For Start］＝ Button

・［Slider For Speed］＝ Slider

・［Dropdown For Speed Mode］＝ Dropdown

・［Toggle For Reverse］＝ Toggle

・［Input Field For Speed］＝ InputField (TMP)

図 5.3.2　［SerializeField］属性のフィールドとオブジェクトなどの関連付け（UIManager）

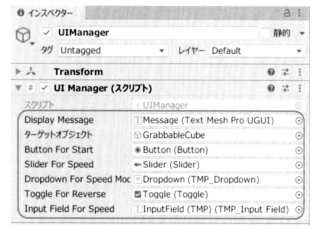

（3） シーンの保存

シーンを上書き保存します。【メニューバー】→［ファイル］→［保存］

（4） プロダクト名の設定

・【メニューバー】→［編集］→［プロジェクト設定］→［プレイヤー］→［プロダクト名］＝適
　切なプロダクト名（ここでは「UserInterface」）を入力

（5） ビルドするシーンの設定

・【メニューバー】→［ファイル］→［ビルド設定］→［ビルドに含まれるシーン］欄にあるシー

ンをすべて削除 → ［シーンを追加］ → ［SceneUI］が登録されます。

図5.3.3　プロダクト名およびビルドするシーンの設定（UserInterface）

(6) プロジェクトの保存

【メニューバー】 → ［ファイル］ → ［プロジェクトを保存］

(7) ビルド＆実行

★1.5.2と同様にビルドの準備を行い、実行します。

・アプリの［保存先］＝ UnityProjects/UnityVR/Apps/AppUserInterface

・Meta Quest2の場合：［ファイル名］＝ UserInterface.apk

(8) 実行結果

・下図のとおり、アプリ起動時には「Start/Stop」と書かれたボタンがパネルに表示されます。他のUIオブジェクト（スライダーなど）は操作できません。

・レイをボタンに当て、トリガーを引きます。すると、他のUIオブジェクトが操作可能となります。また、オブジェクト［GrabbableCube］が表示され、回転します。その回転速度はパネル上部に表示されます。

・下図(a)のとおり、スライダーのハンドルにより回転速度を変化させることができます。

・また、ドロップダウンにより、「Normal Mode」（0〜90度/秒）と「High Speed Mode」（0〜720度/秒）の2種類のモードを選択することができます。

・「REVERSE」と書かれたトグルをチェックすると、回転方向が逆になります。

・入力フィールドの入力欄にレイを当てトリガーを引くと、アプリがいったん停止し、仮想キーボードが表示されます（下図(b)参照、Windows MRの場合は★図5.3.5）。ここで、回転速度を入力後、Enterボタン（Meta Quest2の場合：青いチェック記号のボタン、Windows MRの場合：リターン記号のボタン）を押します。すると、仮想キーボードは非表示となり、アプリが再開します。そして、入力した回転速度でオブジェクト［GrabbableCube］が回転します。ただし、入

力値が実数に変換できない場合は、入力前の回転速度を維持します。

・再度、「Start/Stop」ボタンを押すと、他のUIオブジェクトは操作できなくなり、オブジェクト
［GrabbableCube］およびパネルにある回転速度の表示部分が非表示となります。

※正しく動作しない場合は、★5.3.4(1)(2)の設定内容および★1.5.2(4)（正しく動作しない場合の
チェックポイント）を確認します。

図5.3.4　SceneUIの実行結果

（a）スライダーのハンドル操作　　　　　　　　（b）入力フィールドへの文字入力

図5.3.5　Windows MRの仮想キーボード

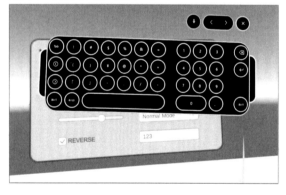

||||||||||||||||||||||||||||||||||||||||||||||||||||||||||||||||||||||||||||||||||||||||||||||||||||||||||||||||
《Note》仮想キーボードの動作不具合について

・Meta Quest2の場合

入力後に青いチェック記号のボタンを押すと、アプリは正常に再開され、期待どおりに動作します。しかし、入力途中に誤ってOculusボタンを押すと、コントローラーが操作不能になります。さらにOculusボタンを再度押すと、アプリは強制的に終了します。この不具合については、バグではないかと「Unityフォーラム」でも取り上げられています。なお、これは2022年7月現在の不具合であり、今後修正されると思われます。

・Windows MR の場合

　サンプルスクリプトでは、入力フィールドがフォーカスされた際に、以前に入力されている値をクリアする処理を行っています。しかし、著者の環境下では、フォーカス時にはクリアされず、最初にキーボタンを押した際にクリアされます。入力において問題はありませんが、本来とは異なる挙動を示します。なお、Meta Quest2 ではスクリプトどおり、フォーカス時にクリアされます。

　その他の注意点として、ヘッドセットを頭部に装着していない場合、仮想キーボードは表示されません。また、$\boxed{\textbf{Windows}}$ ＋$\boxed{\textbf{Y}}$キーを押して、ヘッドセットの代わりにデスクトップを使うモードにした場合も表示されません。

‖‖

第6章　移動・回転・テレポー
テーション

6.1　Locomotion Systemの利用

6.1.1　Locomotion Systemのしくみ

「XR Interaction Toolkit」パッケージには、プレイヤーの移動・回転などを行うためのProviderコンポーネントが用意されています。その主なProviderと機能を次に示します。

- Continuous Move Provider (Action-based)：　プレイヤーを滑らかに移動させる
- Continuous Turn Provider (Action-based)：　プレイヤーを滑らかに回転させる
- Snap Turn Provider (Action-based)：　プレイヤーを一定角度ずつ回転させる
- Teleportation Provider：　プレイヤーをテレポーテーションさせる

　　※**テレポーテーション**（teleportation、または**テレポート** teleport）とは、プレイヤーを離れた場所へ瞬時に移動させる機能のことです。

　これらのProviderは、コントローラーからの入力に応じて［XR Origin］（プレイヤー）を動かします。［Locomotion System］コンポーネントは、Providerが［XR Origin］にアクセスする際の仲介役で、要求に応じて排他的にアクセスの許可を与え、管理します。［XR Origin］はワールド座標系でのプレイヤーの位置・向きを扱います。

図6.1.1　Locomotion Systemのしくみ

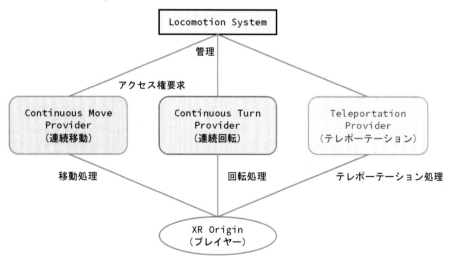

6.1.2 シーンの設定

（1）シーンの作成

［SceneXRController］を複製して作成します。

・【メニューバー】→［ファイル］→［シーンを開く］→ フォルダー［Assets/Scenes］内の
［SceneXRController］
・【メニューバー】→［ファイル］→［別名で保存］→［保存先］＝ SceneLocomotion

（2）タイトルの修正

・【ヒエラルキー】→［Canvas］の下位階層にある［Title］→【インスペクター】→［TextMeshPro-Text
(UI)］コンポーネント →［Text Input］＝「*** Unity VR Textbook ***（改行）SceneLocomotion」に
変更

図6.1.2　SceneLocomotionのタイトル

（3）障害物の作成

移動動作を検証するために、シーン内を移動するプレイヤーの障害物となるもの（ここでは小さ
な門）を作成します。

（a）支柱の作成：　門の両脇の支柱を作成します。

・【メニューバー】→［ゲームオブジェクト］→［3Dオブジェクト］→［キューブ］→【インスペ
クター】→［オブジェクト名］＝ PostL に変更
・［PostL］の［Transform］コンポーネント →［位置］＝(-1, 0.5, 0)、［回転］＝(0, 0, 0)、［スケール］＝
(0.2, 1, 0.2)
・［Mesh Renderer］コンポーネント →［Materials］の［要素0］＝ Blue　※この色がない場合は★
1.1.4(2) を確認
・同様に、オブジェクト［PostR］を作成し、［Transform］コンポーネント →［位置］＝(1, 0.5, 0)、
［回転］＝(0, 0, 0)、［スケール］＝(0.2, 1, 0.2)、［Materials］の［要素0］＝ Blue

図6.1.3　門のパーツ（PostL & PostR）

（b）梁（はり）の作成：　門の上部の梁を作成します。

- 【メニューバー】→［ゲームオブジェクト］→［3Dオブジェクト］→［キューブ］→【インスペクター】→［オブジェクト名］＝Beam に変更
- ［Beam］の［Transform］コンポーネント→［位置］＝(0, 1.1, 0)、［回転］＝(0, 0, 0)、［スケール］＝(2, 0.2, 0.2)
- ［Mesh Renderer］コンポーネント→［Materials］の［要素0］＝Blue

図6.1.4　門のパーツ（Beam）

（c）親のオブジェクトの作成：　両支柱および梁をひとまとめにするため、その親のオブジェクトを作成します。

- 【メニューバー】→［ゲームオブジェクト］→［空のオブジェクトを作成］→【インスペクター】→［オブジェクト名］＝SmallGate に変更
- ［SmallGate］の［Transform］コンポーネント→［位置］＝(0, 0, 0)、［回転］＝(0, 0, 0)、［スケール］＝(1, 1, 1)
- 先に作成した［PostL］、［PostR］および［Beam］を［SmallGate］へドラッグ＆ドロップして、

［SmallGate］の子に位置付けます（下図参照）。

・［SmallGate］の［Transform］コンポーネント → ［位置］＝ (-2, 0, 2)、［回転］＝ (0, -45, 0)、［スケール］＝ (1, 1, 1)

図6.1.5　障害物（オブジェクト［SmallGate］）の作成

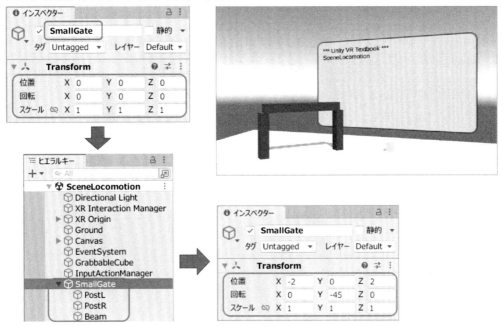

（4）シーンの保存

シーンを上書き保存します。【メニューバー】 → ［ファイル］ → ［保存］

6.1.3　アクションマップの作成

プレイヤーの移動に関するアクションマップを作成します。

（1）アクションマップの作成

・【プロジェクト】 → フォルダー［Assets/ActionAssets］内の［InputActionsForVR］をダブルクリックしアクションエディターを開く

・［Action Maps］欄の［＋］ → 新しいアクションマップ［New action map］を適切な名前（ここでは「RightHandLocomotion」）に変更　★2.1.2

図6.1.6 アクションマップの作成（RightHandLocomotion）

（2）移動・回転・テレポーテーションに関するアクションの作成

　下表および下図を参照し、移動・回転・テレポーテーションを行うアクションを作成します。な
お、［Sector］を用いるアクションでは、［Directions］以外の設定項目は次のとおりとします。★
2.1.2〜2.1.4、★3.1.3(3)

・［Sweep Behavior］＝History Independent
・［Press Point］＝デフォルト

表6.1.1　移動・回転・テレポーテーションに関するアクションの作成

アクション マップ	アクション	Action Type/ Control Type	コントロール	Sector (Directions)
RightHand Locomotion	Move	値/Vector2	primary2DAxis [RightHand XR Controller]	North, South
	Turn	値/Vector2	primary2DAxis [RightHand XR Controller]	East, West
	TeleportMode Activate	ボタン	triggerPressed [RightHand XR Controller]	---
	TeleportMode Cancel	ボタン	gripPressed [RightHand XR Controller]	---

図6.1.7　移動・回転・テレポーテーションに関するアクションの作成

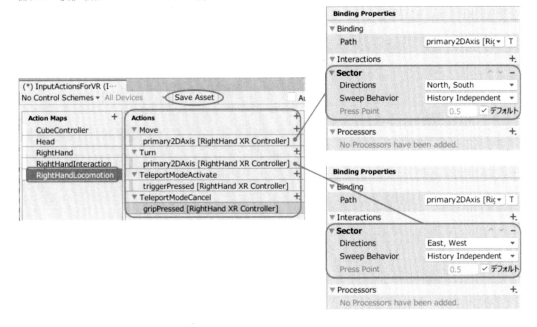

（3）インプットアクションアセットの保存

アクションエディターの上部にある［Save Asset］→アクションエディターを閉じます。

6.1.4　Locomotion Systemコンポーネント

［Locomotion System］は、各種Providerの管理機能を有するコンポーネントです。

（1）シーンを開く

先に作成した［SceneLocomotion］を開きます。★6.1.2(1)

（2）コンポーネントの追加

・【ヒエラルキー】→［XR Origin］→【インスペクター】→［コンポーネントを追加］→［XR］→
［Locomotion］→［Locomotion System］

※なお、【メニューバー】にある［ゲームオブジェクト］の［XR］カテゴリー内に［Locomotion
System (Action-based)］が用意されていますが、マニュアルでは、［XR Origin］コンポーネントが
アタッチされているオブジェクトに、［Locomotion System］コンポーネントをアタッチするよ
うに推奨しています。

（3）各種設定

［Locomotion System］コンポーネントの設定項目を下表に示します。

表6.1.2 ［Locomotion System］コンポーネントの設定項目

設定項目	説明
Timeout	一つのProviderが排他的にアクセスできる最大時間
XR Origin	このシステムが制御する［XR Origin］

　ここでは、［Locomotion System］コンポーネントの項目を次のとおり設定します。指定項目以外はデフォルトのままとします。

- ・［XR Origin］＝ XR Origin

図6.1.8 ［Locomotion System］コンポーネントの追加

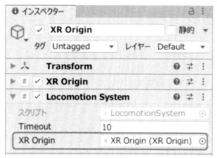

6.1.5　Continuous Move Provider (Action-based) コンポーネント

　［Continuous Move Provider (Action-based)］は、プレイヤーを滑らかに移動させる機能を有するコンポーネントです。

（1）コンポーネントの追加
- ・【ヒエラルキー】→［XR Origin］→【インスペクター】→［コンポーネントを追加］→［XR］→［Locomotion］→［Continuous Move Provider (Action-based)］

（2）各種設定
　［Continuous Move Provider (Action-based)］コンポーネントの主な設定項目を下表に示します。なお、表中の［Character Controller］コンポーネントについては後述。★6.1.8

表 6.1.3　[Continuous Move Provider (Action-based)] コンポーネントの主な設定項目

設定項目	説明
システム（System）	この Provider を管理する [Locomotion System] （未設定の場合はシーン内のシステムを自動的に検索し設定を試みる）
Move Speed	移動速度（単位：m/秒）
Enable Strafe	横方向への移動を有効にするか否か
重力を使用 （Use Gravity）	重力の影響を考慮するか否か（[Character Controller] 利用時のみ）
Gravity Application Mode	重力が作用し始めるタイミング ・Attempting Move：　移動命令が入力されたとき ・Immediately：　常に作用
Left Hand Move Action	左手のコントローラーの移動用アクション
Right Hand Move Action	右手のコントローラーの移動用アクション

　ここでは、[Continuous Move Provider (Action-based)] コンポーネントの項目を次のとおり設定します。指定項目以外はデフォルトのままとします。

- ・[システム]（System）＝ XR Origin (Locomotion System)
- ・[Move Speed]＝ 1
- ・[Enable Strafe]＝オン
- ・[重力を使用]（Use Gravity）＝オン
- ・[Gravity Application Mode]＝ Immediately
- ・[Right Hand Move Action] の [Use Reference]＝オン
- ・[Reference]＝ RightHandLocomotion/Move　　※このアクションがない場合は★6.1.3

図6.1.9 ［Continuous Move Provider (Action-based)］コンポーネントの追加

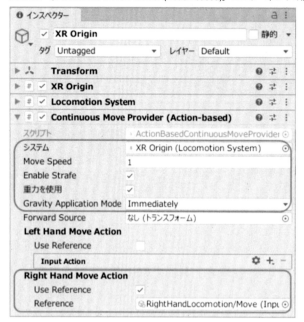

6.1.6 Continuous Turn Provider (Action-based) コンポーネント

［Continuous Turn Provider (Action-based)］は、プレイヤーを滑らかに回転させる機能を有する
コンポーネントです。

（1）コンポーネントの追加

・【ヒエラルキー】→［XR Origin］→【インスペクター】→［コンポーネントを追加］→［XR］→
［Locomotion］→［Continuous Turn Provider (Action-based)］

（2）各種設定

［Continuous Turn Provider (Action-based)］のコンポーネントの設定項目を下表に示します。

表6.1.4 ［Continuous Turn Provider (Action-based)］コンポーネントの設定項目

設定項目	説明
システム（System）	このProviderを管理する［Locomotion System］ （未設定の場合はシーン内のシステムを自動的に検索し設定を試みる）
Turn Speed	回転速度（単位：度/秒）
Left Hand Turn Action	左手のコントローラーの回転用アクション
Right Hand Turn Action	右手のコントローラーの回転用アクション

ここでは、［Continuous Turn Provider (Action-based)］コンポーネントの項目を次のとおり設定

します。指定項目以外はデフォルトのままとします。

- ・［システム］（System）＝ XR Origin (Locomotion System)
- ・［Turn Speed］＝ 30
- ・［Right Hand Turn Action］の［Use Reference］＝オン
- ・［Reference］＝ RightHandLocomotion/Turn

図6.1.10 ［Continuous Turn Provider (Action-based)］コンポーネントの追加

6.1.7　Teleportation Provider コンポーネント

［Teleportation Provider］は、プレイヤーを離れた場所へ瞬時に移動させる機能を有するコンポーネントです。

（1）コンポーネントの追加
- ・【ヒエラルキー】→［XR Origin］→【インスペクター】→［コンポーネントを追加］→［XR］→
　［Locomotion］→［Teleportation Provider］

（2）各種設定
ここでは、［Teleportation Provider］コンポーネントの項目を次のとおり設定します。
- ・［システム］（System）＝ XR Origin (Locomotion System)　※［Continuous Turn Provider (Action-based)］
　コンポーネントの［システム］と同様。

図6.1.11 ［Teleportation Provider］コンポーネントの追加

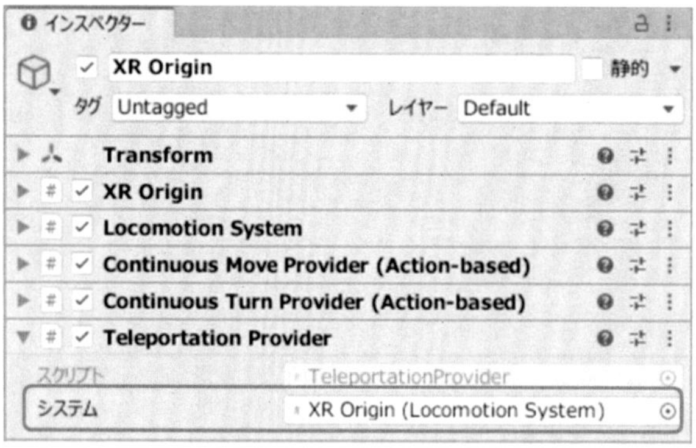

6.1.8 Character Controller コンポーネント

［Character Controller］は、プレイヤーの衝突判定や重力を考慮した運動制御の機能を有するコンポーネントです。

（1）コンポーネントの追加
・【ヒエラルキー】→［XR Origin］→【インスペクター】→［コンポーネントを追加］→［Physics］
　→［Character Controller］

（2）各種設定
［Character Controller］コンポーネントの主な設定項目を下表に示します。

表6.1.5 ［Character Controller］コンポーネントの主な設定項目

設定項目	説明
スロープ制限	登れる斜度の最大値（単位：度）
ステップオフセット	現在位置から登れる段差の最大値（単位：m）
半径	プレイヤーのカプセルコライダーの半径（単位：m、胴体の半径に相当）
高さ	プレイヤーのカプセルコライダーの高さ（単位：m）

設定項目	説明
スロープ制限	登れる斜度の最大値（単位：度）
ステップオフセット	現在位置から登れる段差の最大値（単位：m）
半径	プレイヤーのカプセルコライダーの半径（単位：m、胴体の半径に相当）
高さ	プレイヤーのカプセルコライダーの高さ（単位：m）

　ここでは、［Character Controller］コンポーネントの項目を次のとおり設定します。指定項目以外はデフォルトのままとします。

・［半径］＝0.2

※本章の演習では、［Character Controller］コンポーネントの［高さ］は［Character Controller Driver］コンポーネント（後述★6.1.9）で制御するため、ここでは［高さ］＝2（デフォルト）のままとします。

図6.1.12 ［Character Controller］コンポーネントの追加

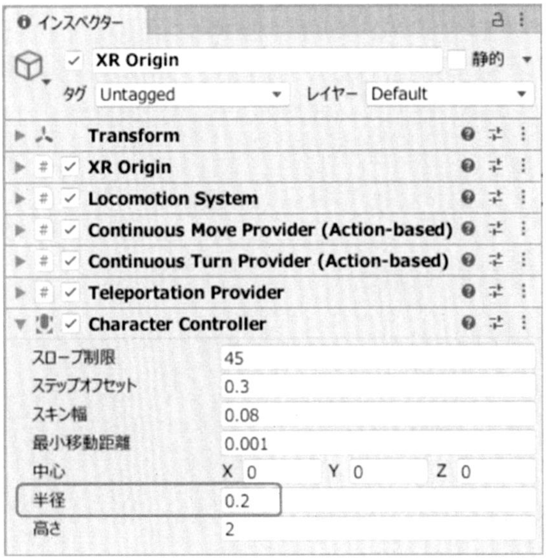

6.1.9 Character Controller Driver コンポーネント

［Character Controller Driver］は、移動用Providerと連携して、プレイヤーの高さを制御する機能を有するコンポーネントです。

（1）コンポーネントの追加
・【ヒエラルキー】→［XR Origin］→【インスペクター】→［コンポーネントを追加］→［XR］→［Locomotion］→［Character Controller Driver］

（2）各種設定
［Character Controller Driver］コンポーネントの設定項目を下表に示します。

表6.1.6 ［Character Controller Driver］コンポーネントの設定項目

設定項目	説明
Locomotion Provider	このDriverとともにプレイヤーを制御する移動用Provider
Min Height	プレイヤーの頭部の最小高さ制限
Max Height	プレイヤーの頭部の最大高さ制限

ここでは、［Character Controller Driver］コンポーネントの項目を次のとおり設定します。指定項目以外はデフォルトのままとします。

- ［Locomotion Provider］＝ XR Origin (Action Based Continuous Move Provider)

図6.1.13 ［Character Controller Driver］コンポーネントの追加

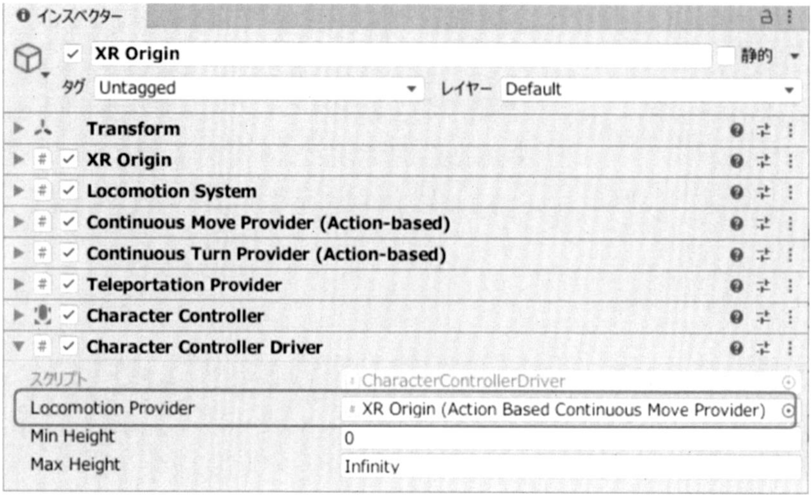

（3）シーンの保存

シーンを上書き保存します。【メニューバー】→［ファイル］→［保存］

6.2 テレポーテーション関連オブジェクトの作成

6.2.1 テレポーテーション用レイヤーの設定

（1）通常のレイヤーの設定

　ここではInteraction Layersと区別するために「通常」と付記しています。 テレポーテーション関連オブジェクトのみに制限してレイキャストするために、次のとおりテレポーテーション用のレイヤーを追加します。

　・【メニューバー】→［編集］→［プロジェクト設定］→［タグとレイヤー］→［レイヤー］→任意なUser Layer Noへ適切なレイヤー名（ここでは［User Layer 8］＝Teleport）を設定

図6.2.1　通常のレイヤーの設定

（2）Interaction Layersの設定

　Interaction Layersは、インタラクターとインタラクタブルとのインタラクションを制限するレイヤーです。テレポーテーション関連オブジェクトのみに制限してインタラクションするために、次のとおりテレポーテーション用のレイヤーを追加します。

　・【メニューバー】→［編集］→［プロジェクト設定］→［XR Interaction Toolkit］→［Interaction Layers］→任意なUser Layer Noへ適切なレイヤー名（ここでは［User Layer 8］＝Teleport）を設定

図6.2.2　Interaction Layers の設定

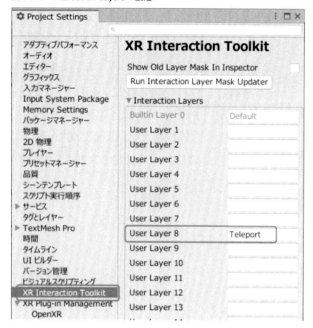

6.2.2　Teleportation Area コンポーネント

　テレポーテーションの移動先は、[Teleportation Area]または[Teleportation Anchor]で、これらはテレポーテーション用のインタラクタブルです。

　[Teleportation Area]は、[Teleportation Provider]コンポーネントと連携して、平面内の任意の位置へプレイヤーをテレポーテーションさせることができるインタラクタブル機能を有するコンポーネントです。プレイヤーがレイ（インタラクター）を[Teleportation Area]（テレポーテーション用インタラクタブル）にヒットさせて移動先を決定します（下図参照）。すると、[Teleportation Provider]コンポーネントはプレイヤーをその位置へテレポーテーションさせます。

図6.2.3　テレポーテーション

（1） Teleportation Area の作成

・【メニューバー】→［ゲームオブジェクト］→［XR］→［Teleportation Area］

・【ヒエラルキー】→［Teleportation Area］→【インスペクター】→［レイヤー］＝ Teleport

・［Teleportation Area］の［Transform］コンポーネント →［位置］＝(0, 0.001, 0)、［回転］＝(0, 0, 0)、［スケール］＝(0.7, 1, 0.7)

・［Mesh Renderer］コンポーネント →［Materials］の［要素 0］＝ Gray

図 6.2.4　［Teleportation Area］の作成

（2）　［Teleportation Area］コンポーネントの設定

このコンポーネントの主な設定項目を下表に示します。

表 6.2.1　［Teleportation Area］コンポーネントの主な設定項目

設定項目	説明
Interaction Manager	このインタラクタブルを管理する［XR Interaction Manager］ （未設定の場合はシーン内のマネージャーを自動的に検索し設定を試みる）
Interaction Layer Mask	指定したレイヤーと合致したレイヤーを持つインタラクターとのインタラクションを許可する
Teleport Trigger	テレポーテーションを開始するタイミング ・OnSelectEntered：アクション［Select］が起動したとき ・OnSelectExited：アクション［Select］が停止したとき ・OnActivated：アクション［Activate］が起動したとき ・OnDeactivated：アクション［Activate］が停止したとき
Teleportation Provider	このインタラクタブルを移動先として使う［Teleportation Provider］ （未設定の場合はシーン内のプロバイダーを自動的に検索し設定を試みる）

ここでは、［Teleportation Area］コンポーネントの項目を次のとおり設定します。指定項目以外はデフォルトのままとします。

- ［Interaction Manager］＝XR Interaction Manager
- ［Interaction Layer Mask］＝Teleport　※いったん「なし」でクリアしてから「Teleport」を選択します。
- ［Teleport Trigger］＝On Select Exited　　※アクション［Select］が停止したときにテレポーテーションを行います。
- ［Teleportation Provider］＝XR Origin (Teleportation Provider)

図6.2.5　［Teleportation Area］コンポーネントの設定

6.2.3 Teleportation Anchor コンポーネント

［Teleportation Anchor］は、［Teleportation Provider］コンポーネントと連携して、特定の位置へプレイヤーをテレポーテーションさせることができるインタラクタブル機能を有するコンポーネントです。プレイヤーがレイ（インタラクター）により、［Teleportation Anchor］（テレポーテーション用インタラクタブル）を移動先として指定します。すると、［Teleportation Provider］コンポーネントはプレイヤーを［Teleportation Anchor］の位置へテレポーテーションさせます。

（1） Teleportation Anchor の作成

- 【メニューバー】→［ゲームオブジェクト］→［XR］→［Teleportation Anchor］　※自動的にその下位階層にオブジェクト［Anchor］も作成されます。
- 【ヒエラルキー】→［Teleportation Anchor］→【インスペクター】→［レイヤー］＝ Teleport
- ［Teleportation Anchor］の［Transform］コンポーネント →［位置］＝(4.5, 0.001, 4)、［回転］＝(0, 0, 0)、［スケール］＝(0.05, 1, 0.05)
- ［Mesh Renderer］コンポーネント →［Materials］の［要素0］＝ TranslucentCyan

図6.2.6　［Teleportation Anchor］の作成

（2） ［Teleportation Anchor］コンポーネントの設定
このコンポーネントの主な設定項目を下表に示します。

表 6.2.2　[Teleportation Anchor] コンポーネントの主な設定項目

設定項目	説明
Interaction Manager	このインタラクタブルを管理する [XR Interaction Manager] （未設定の場合はシーン内のマネージャーを自動的に検索し設定を試みる）
Interaction Layer Mask	指定したレイヤーと合致したレイヤーを持つインタラクターとのインタラクションを許可する
Teleport Anchor Transform	移動後のプレイヤーの位置・向きの調整を行う（向きについては、次の行の [Match Orientation] を参照、この項目を [TA Transform] と略して記す）
Match Orientation	移動後のプレイヤーの正面と上側の向きを指定する ・WorldSpaceUp：　正面は移動前と同じ向き、上側はワールド座標系のY軸に準じる ・TargetUp：　正面は移動前と同じ向き、上側は [TA Transform] のY軸に準じる ・TargetUpAndForward：正面および上側は [TA Transform] のZ・Y軸に準じる
Teleport Trigger	テレポーテーションを開始するタイミング ・OnSelectEntered：　アクション [Select] が起動したとき ・OnSelectExited：　アクション [Select] が停止したとき ・OnActivated：　アクション [Activate] が起動したとき ・OnDeactivated：　アクション [Activate] が停止したとき
Teleportation Provider	このインタラクタブルを移動先として使う [Teleportation Provider] （未設定の場合はシーン内のプロバイダーを自動的に検索し設定を試みる）

　ここでは、[Teleportation Anchor] コンポーネントの項目を次のとおり設定します。指定項目以外はデフォルトのままとします。

- [Interaction Manager] ＝ XR Interaction Manager
- [Interaction Layer Mask] ＝ Teleport
- [Teleport Anchor Transform] ＝ Anchor　※位置調整用オブジェクト★6.2.3(3)
- [Match Orientation] ＝ Target Up And Forward
- [Teleport Trigger] ＝ On Select Exited
- [Teleportation Provider] ＝ XR Origin (Teleportation Provider)

図6.2.7 ［Teleportation Anchor］コンポーネントの設定

（3）位置調整用オブジェクトの設定

・【ヒエラルキー】→［Teleportation Anchor］の下位階層にある［Anchor］→【インスペクター】→
［レイヤー］＝Ignore Raycast ※レイキャストの対象外に設定

・［Anchor］の［Transform］コンポーネント→［位置］＝(0, 0, 0)、［回転］＝(0, -90, 0)、［スケー
ル］＝(1, 1, 1)
※［Teleportation Anchor］コンポーネントの［Teleport Anchor Transform］項目に、このオブジェ
クト［Anchor］の［Transform］が指定されています。よって、テレポーテーション後のプレイ
ヤーの姿勢は、このオブジェクトの［Transform］に従います。ここでは、パネルの方を向くよ
うに、［回転］＝(0, -90, 0)に指定しています。

図6.2.8 位置調整用オブジェクトの設定

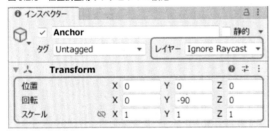

6.2.4 テレポートハイライトの作成

ここでは、レイが［Teleportation Anchor］をホバリングしたとき、アンカーであることを認識しやすいように、下図のとおり半透明のシアン色のシリンダー（ここでは「テレポートハイライト」という）が立ち上がるように表示します。

図6.2.9 テレポートハイライト

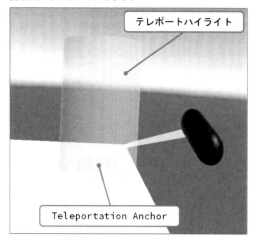

（1）テレポートハイライトの作成

・【メニューバー】→［ゲームオブジェクト］→［3Dオブジェクト］→［シリンダー］→【インスペクター】→［オブジェクト名］＝ TeleportHighlight に変更
・【ヒエラルキー】にある［TeleportHighlight］を［Teleportation Anchor］の下位階層にある［Anchor］へドラッグ＆ドロップし、［TeleportHighlight］を［Anchor］の子に位置付けます（下図参照）。
・【ヒエラルキー】→［Teleportation Anchor］の下位階層にある［TeleportHighlight］→【インスペクター】→［レイヤー］＝ Ignore Raycast　※レイキャストの対象外に設定
・［TeleportHighlight］の［Transform］コンポーネント→［位置］＝(0, 0.5, 0)、［回転］＝(0, 0, 0)、［スケール］＝(20, 1, 20)

［Mesh Renderer］コンポーネントの項目を次のとおり設定します。指定項目以外はデフォルトのままとします。

・［Materials］の［要素0］＝ TranslucentCyan
・［ライティング］（Lighting）の［投影］（Cast Shadows）＝オフ　※自身の影を無効
・［影を受ける］（Receive Shadows）＝オフ

図6.2.10　テレポートハイライトの作成

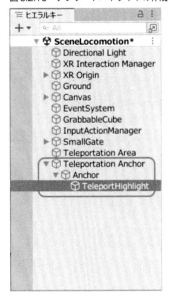
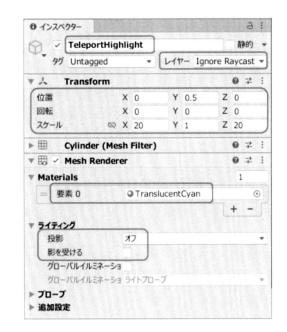

（2）Anchorの非アクティブ化

　テレポートハイライトは、レイでホバリングされる前は非表示にしておきます。そこで、テレポートハイライトを含むオブジェクト［Anchor］を非アクティブに設定します。

・【ヒエラルキー】→［Teleportation Achor］の下位階層にある［Anchor］→【インスペクター】→
　［オブジェクト名］の左側のチェックボックス＝オフ
　※なお、［Anchor］の下位階層にある［TeleportHighlight］はアクティブのままにしておきます。
　親が非アクティブならば、その子も非アクティブ状態になります。

図6.2.11　Anchorの非アクティブ化

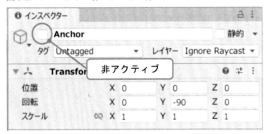
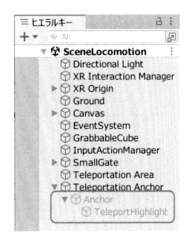

（3）テレポートハイライトの表示操作の設定

　レイが［Teleportation Anchor］をホバリングしたときに、テレポートハイライトを表示する仕掛

けを作ります。ここでは、[Teleportation Anchor] コンポーネントの [Interactable Events] の機能を利用します。

（a）テレポートハイライトの表示： レイが最初に [Teleportation Anchor] をホバリングしたとき（First Hover Entered）、オブジェクト [Anchor] を表示（アクティブ化）します。

- 【ヒエラルキー】→ [Teleportation Anchor] →【インスペクター】→ [Teleportation Anchor] コンポーネント → [Interactable Events] グループの [▶] → [First Hover Entered] 欄の [＋] → 次のとおり設定します。
- [Runtime Only]（デフォルトのまま）
- [ない (オブジェクト)] の [◎] → [シーン] タブ内の [Anchor]　※表示するオブジェクトを指定
- [No Function] の [▼] → [GameObject] → [SetActive (bool)] → [GameObject.SetActive] の下部にあるチェックボックス＝オン　※対象のオブジェクトに対し、メソッド SetActive(true) が実行されます。これにより、オブジェクト [Anchor] およびその下位階層にある [TeleportHightlight] がアクティブ化され、表示されます。

（b）テレポートハイライトの非表示： 最後にレイが離れ、ホバリングが停止したとき（Last Hover Exited）、オブジェクト [Anchor] を非アクティブ化し、非表示にします。

- [Teleportation Anchor] コンポーネント → [Interactable Events] → [Last Hover Exited] 欄の [＋] → 次のとおり設定します。
- [Runtime Only]（デフォルトのまま）
- [ない (オブジェクト)] の [◎] → [シーン] タブ内の [Anchor]
- [No Function] の [▼] → [GameObject] → [SetActive (bool)] → [GameObject.SetActive] の下部にあるチェックボックス＝オフ　※SetActive(false) が実行され、非アクティブ化（非表示）となります。

  ※ここで、[Hover Entered] でなく、[First Hover Entered] を使用しているのは、複数のインタラクター（左手部・右手部のレイ）がホバリングする場合を想定しているからです。本章の演習では右手部のレイだけですが、自作アプリ開発時には複数のインタラクターを使用することがあるかもしれません。そのための設定例です。[Last Hover Exited] の使用も同様の理由です。

図6.2.12　テレポートハイライトの表示操作の設定

6.2.5　テレポーテーション用コントローラーの作成

コントローラーのオブジェクト［RightHand Controller］を［RightHandBaseController］と名称を変更します。そして、新たにテレポーテーション用のコントローラー［RightHandTeleportController］を作成します。

（1）RightHandBaseController の作成
［RightHand Controller］の名称を変更して作成します。
・【ヒエラルキー】→［XR Oringin］の下位階層にある［RightHand Controller］→【インスペクター】
　→［オブジェクト名］＝ RightHandBaseController に変更

［RightHandBaseController］の［XR Ray Interactor］コンポーネントの項目を次のとおり設定します。指定項目以外はデフォルトのままとします。
・［Interaction Layer Mask］＝デフォルト（Default）　※いったん「なし」にしてから選択します。
・［Force Grab］＝オフ

・［Raycast Configuration］グループの［▶］→［Raycast Mask］＝Default, UI

※名称の整合性を考慮し、［XR Origin］の下位階層にある［LeftHand Controller］も［LeftHandBaseController］に変更しておきます。

図6.2.13　RightHandBaseControllerの作成

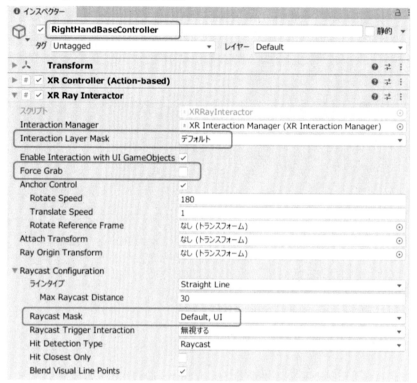

（2） RightHandTeleportControllerの作成

［RightHandBaseController］を複製して作ります。

・【ヒエラルキー】→［XR Origin］の下位階層にある［RightHandBaseController］を選択後、**Ctrl** ＋ **D** キー（複製）→【インスペクター】→［オブジェクト名］＝RightHandTeleportController に変更

［RightHandTeleportController」の［XR Controller (Action-based)］コンポーネントの項目を次のとおり設定します。指定項目以外はデフォルトのままとします。

・［Select Action］の［Reference］＝RightHandLocomotion/TeleportModeActive

※［Activate Action］ではなく［Select Action］に設定します。本章の演習では、［Select Action］を起動した状態で、レイを用いて［Teleportation Area］平面内の移動先を指定します。

・［Activate Action］の［Use Reference］＝オフ、同様に次のアクションもオフにします。

［UI Press Action］、［Haptic Device Action］、［Rotate Anchor Action］、［Translate Anchor Action］

図6.2.14　RightHandTeleportControllerの作成（その1）

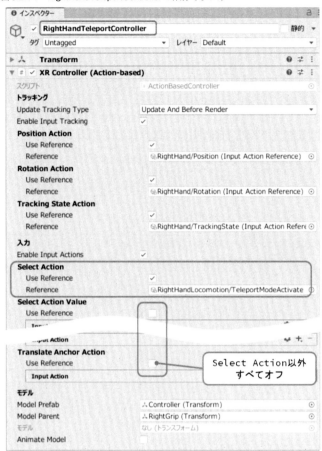

[RightHandTeleportController]の[XR Ray Interactor]コンポーネントの項目を次のとおり設定します。指定項目以外はデフォルトのままとします。

- [Interaction Layer Mask] ＝ Teleport
- [Enable Interaction with UI GameObjects] ＝オフ
- [Force Grab] ＝オフ
- [Anchor Control] ＝オフ
- [ラインタイプ] ＝ Projectile Curve　※弓状のラインに変更します。
- [Raycast Mask] ＝ Teleport

図 6.2.15　RightHandTeleportController の作成 （その 2）

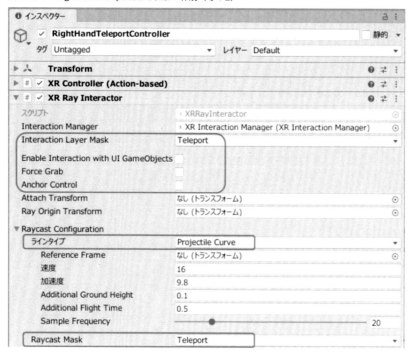

　[RightHandTeleportController」 の ［XR Interactor Line Visual］ コンポーネントの項目を次のとお
り設定します。指定項目以外はデフォルトのままとします。

　・［Invalid Color Gradient］ の ［色］ ＝ (0, 1, 0) 緑色

図 6.2.16　RightHandTeleportController の作成 （その 3）

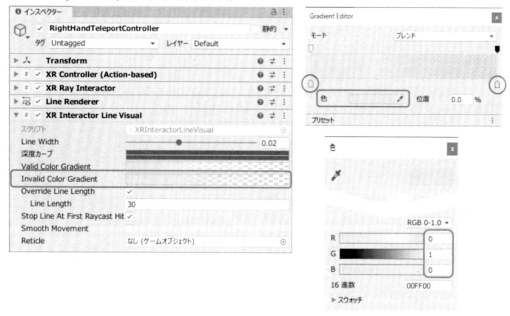

（3）コントローラーの階層の変更

右手部に2つのコントローラーを作成したため、下図のとおり階層を変更し整理します。

図6.2.17　コントローラーの階層の変更

（a）親のオブジェクト［LeftHand］・［RightHand］の作成

・【メニューバー】→［ゲームオブジェクト］→［空のオブジェクトを作成］→【インスペクター】
→［オブジェクト名］＝LeftHandに変更します。

・［LeftHand］の［Transform］コンポーネント→［位置］＝(0, 0, 0)、［回転］＝(0, 0, 0)、［スケー
ル］＝(1, 1, 1)

・同様に、空のオブジェクトを作成し、［オブジェクト名］＝RightHandに変更します。そして、
［Transform］コンポーネントの位置などの値をLeftHand同様に設定にします。

（b）コントローラーの階層の変更

・［LeftHand］を［XR Origin］の下位階層にある［Camera Offset］へドラッグ＆ドロップし、［Camera
Offset］の子に位置付けます（上図参照）

・同様に［RightHand］も［Camera Offset］の子に位置付けます。

・［LeftHandBaseController］を［LeftHand］へドラッグ＆ドロップし、［LeftHand］の子に位置付
けます（上図参照）。

・同様に、［RightHandBaseController］と［RightHandTeleportController］を［RightHand］の子に
位置付けます。

（4）シーンの保存

シーンを上書き保存します。【メニューバー】→［ファイル］→［保存］

6.3　Locomotion Systemの動作確認

　［Locomotion System］コンポーネントおよび関連する付属のコンポーネントが設定どおり動作するか、実行して確認してみましょう。

（1）シーンを開く

　先に作成した［SceneLocomotion］を開きます。★6.1.2(1)

（2）コントローラーの一部非アクティブ化

　ここでは、［Locomotion System］コンポーネントの動作確認を行うため、［LeftHand］および［RightHandBaseController］を非アクティブに設定します。

- 【ヒエラルキー】→［XR Origin］の下位階層にある［LeftHand］→【インスペクター】→［オブジェクト名］の左側のチェックボックス＝オフ　※非アクティブ化
- 同様に、［XR Origin］の下位階層にある［RightHandBaseController］を非アクティブ化とします（下図参照）。

図6.3.1　コントローラーの一部非アクティブ化

（3）シーンの保存

　シーンを上書き保存します。【メニューバー】→［ファイル］→［保存］

（4）プロダクト名の設定

- 【メニューバー】→［編集］→［プロジェクト設定］→［プレイヤー］→［プロダクト名］＝適切なプロダクト名（ここでは「LocomotionTest」）を入力

（5）ビルドするシーンの設定

- 【メニューバー】→［ファイル］→［ビルド設定］→［ビルドに含まれるシーン］欄にあるシーンをすべて削除→［シーンを追加］→［SceneLocomotion］が登録されます。

図6.3.2　プロダクト名およびビルドするシーンの設定（LocomotionTest）

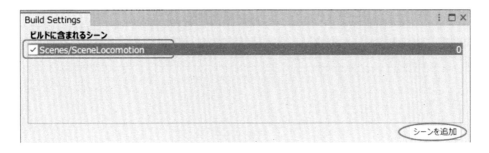

（6） プロジェクトの保存

【メニューバー】→［ファイル］→［プロジェクトを保存］

（7） ビルド＆実行

★1.5.2と同様にビルドの準備を行い、実行します。

・アプリの［保存先］＝UnityProjects/UnityVR/Apps/AppLocomotionTest

・Meta Quest2の場合：［ファイル名］＝LocomotionTest.apk

（8） 実行結果

・右手部コントローラーのサムスティックを前後に倒すと、［Continuous Move Provider］コンポーネントの機能により、プレイヤーが前進・後退します。

・サムスティックを左右に倒すと、［Continuous Turn Provider］コンポーネントの機能により、プレイヤーがワールド座標系Y軸回りに回転し、向きを変えることができます。

・プレイヤーを門（SmallGate）まで移動させると、［Character Controller］コンポーネントの機能により、プレイヤーとオブジェクトとの衝突判定が行われ、それ以上前進できなくなります。

・プレイヤーの頭部（ヘッドセット）を上下に動かすと、［Character Controller Driver］コンポーネントの機能により、VR空間のプレイヤーの頭部の高さも連動して上下に動きます。そして、プレイヤーが門の梁（Beam）より頭部を下げると、門の中を通過できるようになります（下図参照）。

図 6.3.3　Locomotion System の動作確認（その1）

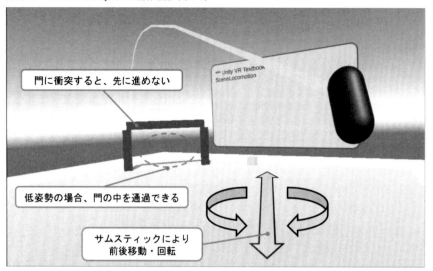

- この段階では［RightHandTeleportController］だけをアクティブにしているため、弓なりの緑色のレイが投射されています。
- 地表にある灰色の平面は［Teleportation Area］です。下図(a)のとおり、この平面にレイが触れると［XR Interactor Line Visual］コンポーネントの機能により、レイの色は黄色になります。
- この状態で平面内の任意の地点をレイで指し、トリガーをいったん引いてから離すと、［Teleportation Provider］コンポーネントの機能により、プレイヤーは指定した地点へテレポーテーションします。
- パネルの右側にある薄いシアン色の小さい平面は［Teleportation Anchor］です。これをレイで指すと、［Teleportation Anchor］コンポーネントの機能により、下図(b)のとおりアンカー上にテレポートハイライトが表示されます。
- この状態からトリガーをいったん引いてから離すと、［Teleportation Provider］コンポーネントの機能により、プレイヤーは［Teleportation Anchor］へテレポーテーションします。
- 移動後、［Teleportation Anchor］コンポーネントの機能により、下図(c)のとおり自動的にパネルの方を向きます。この向きは［Teleportation Anchor］コンポーネントの設定内容（★6.2.3(3)）より定まります。
  ※なお、トリガーを引いてから先に［Teleportation Area］とホバリングした場合は、トリガーが離されるまで［Teleportation Anchor］とはホバリングしません。その逆の場合も同様です。
  ※正しく動作しない場合は、★6.1、★6.2の設定内容および★1.5.2(4)（正しく動作しない場合のチェックポイント）を確認します。

図6.3.4　Locomotion System の動作確認（その2）

(a) Teleportation Areaに
おけるテレポーテーション

(b) Teleportation Anchorと
テレポートハイライト

(c) Anchorへ移動後の向き
（パネルの方へ向く）

(9) コントローラーの一部アクティブ化

動作確認後、［RightHandBaseController］をアクティブ化します。

・【ヒエラルキー】→ ［XR Origin］の下位階層にある［RightHandBaseController］→【インスペク
ター】→ ［オブジェクト名］の左側のチェックボックス＝オン　※アクティブ化

なお、本章の演習では、［RightHandBaseController］と［RightHandTeleportController］のアクティ
ブ状態をスクリプトで制御します。

(10) シーンの保存

シーンを上書き保存します。【メニューバー】→ ［ファイル］→ ［保存］

6.4 UnityEventに関する命令と処理例

6.4.1 イベントの定義

Unityでは、イベントに関する処理を行うためにUnityEvent型が用意されています。

＜イベントを定義する＞

●書式1

[SerializeField] 修飾子 UnityEvent 〔<引数の型名1 〔, 引数の型名2, ・・・〕 > 〕 イベント名;
　　　※引数は最大4つまで設定可能、〔 　〕で囲まれた部分は省略可能、イベント名は任意の名前

●書式2

[Serializable]
修飾子 class イベント継承クラス名 : UnityEvent 〔<引数の型名1 〔, 引数の型名2, ・・・〕 > 〕 {};
　　　※イベント継承クラス名は任意の名前

●書式3

[SerializeField] 修飾子 イベント継承クラス名 イベント名;

●例1
```
using System;
using UnityEngine.Events;
 （中略）
[SerializeField] private UnityEvent onEntered;
 （中略）
    if (onEntered is null) { onEntered = new(); }
```

●例2
```
[SerializeField] private UnityEvent<int, float> onValueChanged = new();
```

●例3
```
[Serializable] internal class  StringEvent : UnityEvent<string> {};
[SerializeField] private StringEvent onEndEdit = new();
```

　書式1のとおりUnityEventを使うと、イベントを定義することができます。引数は最大4つまで設定することができ、その引数の型を＜＞内に記述します。書式の表記において、〔 　〕で囲まれた部分は省略ができます。また、ここではUnityエディターの【インスペクター】ビューでもイベ

ントリスナーを登録できるように、[SerializeField]属性を適用しシリアライズ化しています。なお、UnityEventを使うには、あらかじめusingディレクティブで「UnityEngine.Events」を宣言しておく必要があります（例1参照）。

　書式2のとおりUnityEventを継承するクラスを定義することもできます。特に引数が多い場合には便利ですし、わかりやすいクラス名を付すことで、コードの可読性も向上します。また、【インスペクター】ビューでもイベントリスナーを登録できるように、クラスに[Serializable]属性を適用しシリアライズ化しています。なお、[Serializable]を使うには、あらかじめusingディレクティブで「System」を宣言しておく必要があります（例1参照）。

　そして書式3のように、書式2で定義したクラスをUnityEvent同様に用いてイベントを定義することができます。

　例1、2は書式1を用いたイベントの定義の例で、両者の違いは引数の有無です。例3は書式2、3を用いた定義です。例1〜3のとおり定義したイベントをnew()でインスタンス化することを忘れないよう留意します。

　上記の書式に従い定義されたイベントはシリアライズ化されているため、下図のとおりUnityエディターの【インスペクター】ビューに表示され、［＋］アイコンによりイベントリスナーを登録することができます。

　なお、【インスペクター】ビューにて登録したイベントリスナーを**永続的リスナー**（persistent listener）といい、スクリプトのAddListener命令で登録したイベントリスナーを**非永続的リスナー**（non persistent listener）といいます。

図6.4.1　Unityエディターによるイベントリスナーの登録

6.4.2 UnityEvent型のメソッドとイベント処理例

UnityEvent型の主なメソッドを下表に示します。

表6.4.1　UnityEvent型の主なメソッド

メソッド	説明
void AddListener (UnityAction call)	このイベントへ非永続的リスナーを登録する 例：onEntered.AddListener(OnEntered);
void Invoke(arg)	このイベントに登録されているイベントリスナーを実行する 例：onEntered.Invoke(arg);　　※引数argは0〜4個
void RemoveListener (UnityAction call)	このイベントから非永続的リスナーを解除する 例：onEntered.RemoveListener(OnEntered);
int GetPersistentEventCount()	このイベントに登録されている永続的リスナーの数を得る 例：if (onEntered.GetPersistentEventCount() < 1) { 処理 }
string GetPersistentMethodName (int index)	引数のインデックス番号（int型）で指定した永続的リスナーの メソッド名を得る 例：var name = onEntered.GetPersistentMethodName(0);
Object GetPersistentTarget (int index)	引数のインデックス番号（int型）で指定した永続的リスナーの コンポーネントを有するオブジェクトを得る 例：var obj = onEntered.GetPersistentTarget(0);

※例の変数onEnteredはUnityEvent型

　メソッドInvokeを使うと、スクリプトにより任意のイベントリスナーを実行することができます。その具体例を次に示します。ここでは、Class Jobの開始時（onEntered）の処理、更新時（onUpdate）の処理、終了時（onExited）の処理を順次実行させるスクリプト例を示します。

●例

```
[Serializable] class Job
{
    public bool enabled;
    public UnityEvent onEntered = new();
    public UnityEvent onUpdate = new();
    public UnityEvent onExited = new();
}
[SerializeField] Job xxxJob = new();
[SerializeField] Job yyyJob = new();
[SerializeField] Job zzzJob = new();
List<Job> jobs = new();
    （中略）
    jobs.Add(xxxJob);
    jobs.Add(yyyJob);
    jobs.Add(zzzJob);
    （中略）
    xxxJob.onUpdate.AddListener(OnXXXJobUpdate);
```

```
    xxxJob.onExited.AddListener(OnXXXJobExited);
    yyyJob.onEntered.AddListener(OnYYYJobEntered);
    yyyJob.onUpdate.AddListener(OnYYYJobUpdate);
    yyyJob.onExited.AddListener(OnYYYJobExited);
    zzzJob.onEntered.AddListener(OnZZZJobEntered);
    (中略)
public void OnXXXJobUpdate()
{
    if (条件A) { TransitionJob(xxxJob, yyyJob); }
}
void TransitionJob(Job fromJob, Job toJob)
{
    fromJob.onExited.Invoke();
    fromJob.enabled = false;
    toJob.enabled = true;
    toJob.onEntered.Invoke();
}
void Update()
{
    foreach (var job in jobs)
    {
        if (job.enabled)
        {
            job.onUpdate.Invoke();
            return;
        }
    }
}
public void OnYYYJobUpdate()
{
    if (条件B) { TransitionJob(yyyJob, zzzJob); }
}
```

このスクリプト例の処理の手順を次に示します。

① イベントリスナーOnXXXJobUpdateにおいて、もし条件Aが真ならば、メソッド TransitionJob(xxxJob, yyyJob)を実行します。

② メソッド TransitionJob(xxxJob, yyyJob)は、fromJob（xxxJob）のonExited時のイベントリスナー OnXXXJobExitedを実行後に、指定した次のtoJob（yyyJob）のonEntered時のイベントリスナー OnYYYJobEnteredを実行します。その際、以前のfromJob（xxxJob）のenabledをfalseに、次の 仕事のtoJob（yyyJob）のenabledをtrueに設定します。

③　一方、フレームが更新されるたびに実行されるメソッド Update において、リスト Jobs から各 job の enabled を調べ、もし enabled が true ならば、その job の onUpdate 時のイベントリスナーを実行します。②の処理により、この段階では yyyJob.enabled が真であることから、yyyJob の onUpdate 時のイベントリスナー OnYYYJobUpdate が実行されます。

④　OnYYYJobUpdate において、もし条件 B が真ならば、メソッド TransitionJob(yyyJob, zzzJob) を実行します。これは①と同様の処理です。

　以上の①〜④の処理により、次の順にイベントリスナーが実行されることがわかります。

　OnXXXJobUpdate　→　OnXXXJobExited　→　OnYYYJobEntered　→　OnYYYJobUpdate　→ OnYYYJobExited → OnZZZJobEntered

　このように UnityEvent 型とそのメソッドおよびプロパティを使用すれば、任意にイベントが遷移する処理を記述することができます。本章の演習では、上記の処理を応用して、コントローラーのオブジェクト［RightHandBaseController］と［RightHandTeleportController］を切り替え、オブジェクトの操作やプレイヤーの移動などを制御するスクリプト例を示します。

6.5 サンプルスクリプト（ControllerManager）

6.5.1 処理の概要

このサンプルスクリプトでは、次の処理を行います。

- ★6.2.5で2種類のコントローラー［RightHandBaseController］、［RightHandTeleportController］を作成しましたが、起動時にはモーションモードの状態とし、［RightHandBaseController］のみアクティブにし、パネルには「Motion Mode」と表示します。
- モーションモードにおいて、アクション［Move］または［Turn］が起動したとき、それに応じてプレイヤーを前後移動または回転させます。
- レイがオブジェクト［GrabbableCube］にホバリングし、アクション［Select］が起動したとき、インタラクションモードに切り替え（遷移し）、パネルに「Interaction Mode」と表示します。
- インタラクションモードにおいて、アクション［Rotate Anchor］または［Translate Anchor］が起動したとき、それに応じて選択したオブジェクトを回転または移動させます。
- アクション［TeleportModeActivate］が起動したとき、テレポートモードに切り替え、パネルに「Teleport Mode」と表示します。そして、コントローラー［RightHandBaseController］を非アクティブにし、［RightHandTeleportController］をアクティブにします。
- テレポートモードにおいて、［Teleportation Area］平面内の移動先をレイで指し示した状態で、アクション［TeleportModeActivate］が停止したとき、プレイヤーを移動先へテレポーテーションさせます。その後、モーションモードに切り替えます。
- テレポートモードにおいて、アクション［TeleportModeCancel］が起動したとき、テレポートモードをキャンセルし、モーションモードに切り替えます。
- なお、必要なオブジェクトなどが適切に関連付けられていない場合は、エラーメッセージをパネルに表示します。
- また、エラーメッセージを表示するためのテキストボックスが関連付けられていない場合は、アプリを強制終了します。

図6.5.1　処理の概要（ControllerManager）

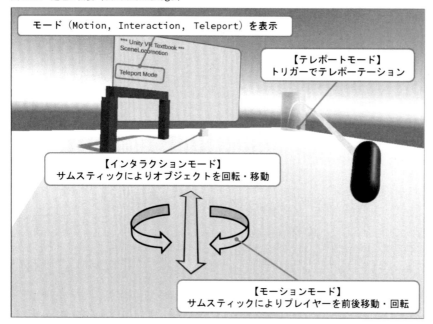

6.5.2　ソースコードおよび解説

（1） シーンを開く

先に作成した［SceneLocomotion］を開きます。★6.1.2(1)

（2） スクリプトファイルの作成

フォルダー［Assets/Scripts］内にスクリプトファイル「ControllerManager」を作成します。★2.3.3(2)

（3） ソースコードおよび解説

下記のサンプルスクリプトをコーディングしましょう。

※ここでは、★6.4.1の学習のためにUnityエディターの【インスペクター】ビューにて、イベントリスナーを登録することを前提としています。なお、参考のためにAddListener命令を使いイベントリスナーを登録するスクリプト例を末尾に別掲します。

● ControllerManager（その1）

```
01  using System;
02  using System.Collections.Generic;
03  using UnityEngine;
04  using UnityEngine.Events;
05  using UnityEngine.XR.Interaction.Toolkit;
```

```
06  using UnityEngine.InputSystem;
07  using TMPro;
08  using static UnityVR.LibraryForVRTextbook;
09
10  namespace UnityVR
11  {
12    public class ControllerManager : MonoBehaviour
13    {
14      [SerializeField] TextMeshProUGUI displayMessage;
15      [SerializeField] XRRayInteractor baseInteractor;
16      [SerializeField] XRRayInteractor teleportInteractor;
17      [SerializeField] InputActionReference move;
18      [SerializeField] InputActionReference turn;
19      [SerializeField] InputActionReference teleportModeActivate;
20      [SerializeField] InputActionReference teleportModeCancel;
21
22      bool isReady;
23      enum ControllerType
24      {
25        Base,
26        Teleport,
27      }
28
```

- 14行目　エラーメッセージや処理の表示内容を格納するために、[SerializeField]属性のフィールド displayMessageを宣言します。スクリプトをアタッチ後にUnityエディターによりフィールド displayMessageとテキストボックス［Message］を関連付けます。★6.5.3(2)
- 15〜16行目　2種類のコントローラー［RightHandBaseController］、［RightHandTeleportController］ のレイのインタラクターを格納するために、フィールド baseInteractor、teleportInteractorを宣言 します。★6.2.5
- 17〜20行目　テレポーテーションで使用するアクションを格納するために、フィールド move な どを宣言します。★6.1.3
- 22行目　このクラスの処理に必要なコンポーネントなどの前準備ができているか否かを表すフラ グ isReady（bool型）を定義します。
- 23〜27行目　2種類のコントローラーを区別するための列挙型 ControllerType を定義します。

● ControllerManager（その2）

```
29      [Serializable]
30      class ControllerMode
31      {
```

```
32      public bool Enabled { get; set; }
33
34      [SerializeField] UnityEvent onEntered = new();
35      public UnityEvent OnEntered
          ##> { get => onEntered; set => onEntered = value; }
36
37      [SerializeField] UnityEvent onUpdate = new();
38      public UnityEvent OnUpdate
          ##> { get => onUpdate; set => onUpdate = value; }
39
40      [SerializeField] UnityEvent onExited = new();
41      public UnityEvent OnExited
          ##> { get => onExited; set => onExited = value; }
42      }
43
44      [Space]
45      [Header("Controller Modes")]
46      [SerializeField] ControllerMode motionMode = new();
47      [SerializeField] ControllerMode interactionMode = new();
48      [SerializeField] ControllerMode teleportMode = new();
49
50      #pragma warning disable IDE0044
51      List<ControllerMode> controllerModes = new();
52      #pragma warning restore IDE0044
53
```

- 29行目　このスクリプトをアタッチした後に、Unityエディターの【インスペクター】ビューにて
  イベントリスナーを登録するため、class ControllerMode に [Serializable] 属性を適用してシリアラ
  イズ化しておきます。
- 32行目　コントローラーのモードを管理するために、プロパティ Enabled を定義します。
- 34～41行目　開始、更新および終了のイベント（UnityEvent型）を表すフィールド onEntered、
  onUpdate、onExitedを定義し、それぞれに対応するプロパティ OnEntered、OnUpdate、OnExitedを
  定義します。各フィールドには[SerializeField]属性を適用しシリアライズ化します。
- 46～48行目　ControllerMode型のインスタンス MotionMode、interactionMode、teleportModeを定
  義します。【インスペクター】ビューにてイベントリスナーを登録するため、[SerializeField]属性
  を適用してシリアライズ化します。
- 50～52行目　3つのモードを格納するリスト controllerModes を定義します。なお、List への readonly
  に関するコンパイラの警告メッセージを抑制するため、この文の前後に#pragma warning ディレク
  ティブを記述します。

● ControllerManager（その3）

```
54      void Awake()
55      {
56        if (displayMessage is null) { Application.Quit(); }
57
58        if (baseInteractor is null || teleportInteractor is null
59          || turn is null || move is null
60          || teleportModeActivate is null || teleportModeCancel is null)
61        {
62          isReady = false;
63          var errorMessage
                ##> = "#base/teleportInteractor or #Actions(move, etc.)";
64          displayMessage.text
                ##> = $"{GetSourceFileName()}\r\nError: {errorMessage}";
65          return;
66        }
67
68        isReady = true;
69      }
70
71      void OnEnable()
72      {
73        if (!isReady) { return; }
74
75        if (motionMode.OnEntered.GetPersistentEventCount() == 0
76          || motionMode.OnUpdate.GetPersistentEventCount() == 0
77          || interactionMode.OnEntered.GetPersistentEventCount() == 0
78          || interactionMode.OnUpdate.GetPersistentEventCount() == 0
79          || interactionMode.OnExited.GetPersistentEventCount() == 0
80          || teleportMode.OnEntered.GetPersistentEventCount() == 0
81          || teleportMode.OnUpdate.GetPersistentEventCount() == 0
82          || teleportMode.OnExited.GetPersistentEventCount() == 0)
83        {
84          isReady = false;
85          displayMessage.text
                ##> = $"{GetSourceFileName()}\r\nError: #Setting EventListeners";
86        }
87      }
88
```

・56行目　フィールド displayMessage の設定値に不備がある場合は、アプリを終了します。

- 58～66行目　フィールド baseInteractor と teleportInteractor および各アクションの設定値に不備がある場合は、フィールド isReady に false を格納し、エラーメッセージをパネルに表示し、処理を中断します。

- 75～86行目　イベントの GetPersistentEventCount の値が0の場合とは、Unity エディターの【インスペクター】ビューにてイベントリスナーが登録されていないことを意味しています。この場合は、フィールド isReady に false を格納し、エラーメッセージをパネルに表示します。

● ControllerManager（その4）

```
89      void Start()
90      {
91        if (!isReady) { return; }
92
93        controllerModes.Add(motionMode);
94        controllerModes.Add(interactionMode);
95        controllerModes.Add(teleportMode);
96
97        SetController(ControllerType.Base);
98        TransitionMode(null, motionMode);
99      }
100
101     void Update()
102     {
103       if (!isReady) { return; }
104
105       foreach (var mode in controllerModes)
106       {
107         if (mode.Enabled)
108         {
109           mode.OnUpdate.Invoke();
110           return;
111         }
112       }
113     }
114
```

- 93～95行目　リスト controllerModes に3種類のモードのインスタンスを追加します。

- 97～98行目　アプリ起動時は、コントローラーを ControllerType.Base タイプ（RightHandBaseController）にし、モードは MotionMode から開始します。

- 105～112行目　フレームが更新されるたびに、リスト controllerModes に格納されているモードのインスタンスを取り出し、そのプロパティ Enabled が true ならば、そのモードの OnUpdate 時のイベントリスナーを実行します。★6.4.2

```
115    void TransitionMode(ControllerMode fromMode, ControllerMode toMode)
116    {
117      if (fromMode != null)
118      {
119        fromMode.OnExited.Invoke();
120        fromMode.Enabled = false;
121      }
122
123      if (toMode != null)
124      {
125        toMode.Enabled = true;
126        toMode.OnEntered.Invoke();
127      }
128    }
129
130    void SetController(ControllerType type)
131    {
132      baseInteractor.gameObject.SetActive(type == ControllerType.Base);
133      teleportInteractor.gameObject.SetActive
         ##> (type == ControllerType.Teleport);
134    }
135
136    void EnableAction(InputActionReference actionReference)
137    {
138      var action = actionReference != null ? actionReference.action : null;
139      if (action != null) { action.Enable(); }
140    }
141
142    void DisableAction(InputActionReference actionReference)
143    {
144      var action = actionReference != null ? actionReference.action : null;
145      if (action != null) { action.Disable(); }
146    }
147
```

・115〜128行目　メソッドTransitionModeは、現在のモードを引数fromModeで、次に実行すべき
　モードを引数toModeで受け取り、モードを切り替えます（モードの遷移処理）。この処理の基本
　的な方法は、★6.4.2で説明したものと同様です。

・130〜134行目　メソッドSetControllerは、2種類のコントローラーのオブジェクト
　［RightHandBaseController］と［RightHandTeleportController］のいずれかを、引数typeに応

じてアクティブ化し、もう一方を非アクティブ化します。
- 136〜146行目　メソッド EnableAction は、引数 actionReference で受け取ったアクションを有効にします。また、メソッド DisableAction はその逆に無効にするものです。

● ControllerManager（その6）

```
148        public void OnMotionEntered()
            ##> => displayMessage.text = "Motion Mode\r\n";
149
150        public void OnMotionUpdate()
151        {
152        if (baseInteractor.hasSelection)
153        {
154          TransitionMode(motionMode, interactionMode);
155          return;
156        }
157
158        var activate = teleportModeActivate.action?.triggered ?? false;
159        var cancel = teleportModeCancel.action?.triggered ?? false;
160        if (activate && !cancel) { TransitionMode(motionMode, teleportMode); }
161        }
162
```

- 148行目　メソッド OnMotionEntered は、motionMode の開始時に呼ばれるイベントリスナーです。パネルに「Motion Mode」と表示します。
- 150行目　メソッド OnMotionUpdate は、motionMode の更新時に呼ばれるイベントリスナーです。
- 152〜156行目　インタラクターがインタラクタブルを選択している場合、motionMode から interactionMode へ切り替えて、メソッドを中断します。★6.4.2、★表2.2.1
- 158〜160行目　アクション［TeleportModeActivate］が起動しており、かつアクション［TeleportModeCancel］が停止している場合、motionMode から teleportMode へ切り替えます。

※なお、このサンプルスクリプトでは、motionMode の終了時（OnExited）に呼ばれるイベントリスナーはありません。

● ControllerManager（その7）

```
163        public void OnInteractionEntered()
164        {
165        DisableAction(move);
166        DisableAction(turn);
167        displayMessage.text = "Interaction Mode\r\n";
168        }
169
170        public void OnInteractionUpdate()
```

```
171        {
172          if (!baseInteractor.hasSelection)
               ##> { TransitionMode(interactionMode, motionMode); }
173        }
174
175      public void OnInteractionExited()
176      {
177        EnableAction(move);
178        EnableAction(turn);
179      }
180
```

- 163行目　メソッド OnInteractionEntered は、interactionMode の開始時に呼ばれるイベントリスナー
  です。このモードでは、アクション［Rotate Anchor］または［Translate Anchor］の起動が想定され
  ます。その際に、同じコントールを使用するテレポーテーションのアクション［Move］と［Turn］
  が起動しないように、これらのアクションを無効化します。

- 170〜173行目　メソッド OnInteractionUpdate は、interactonMode の更新時に呼ばれるイベントリ
  スナーです。インタラクターがインタラクタブルを選択していない場合、interactonMode から
  motionMode へ切り替えます。

- 175〜179行目　メソッド OnInteractionExited は、interactonMode の終了時に呼ばれるイベントリ
  スナーです。メソッド OnInteractionEntered にて、テレポーテーションのアクション［Move］と
  ［Turn］を無効化しましたが、それを元に戻します（有効化）。

● ControllerManager（その8）

```
181      public void OnTeleportEntered()
182      {
183        SetController(ControllerType.Teleport);
184        displayMessage.text = "Teleport Mode\r\n";
185      }
186
187      public void OnTeleportUpdate()
188      {
189        var cancel = teleportModeCancel.action?.triggered ?? false;
190        var released = teleportModeActivate.action?.phase
             ##> == InputActionPhase.Waiting;
191        if (cancel || released) { TransitionMode(teleportMode, motionMode); }
192      }
193
194      public void OnTeleportExited() => SetController(ControllerType.Base);
195    }
196  }
```

・181〜185行目　メソッド OnTeleportEntered は、teleportMode の開始時に呼ばれるイベントリスナーです。コントローラーを ControllerType.Teleport（RightHandTeleportController）に切り替え、パネルに「Teleport Mode」と表示します。

・187〜192行目　メソッド OnTeleportUpdate は、teleportMode の更新時に呼ばれるイベントリスナーです。アクション［TeleportModeCancel］が起動したとき、またはアクション［TeleportModeActivate］が停止したとき、teleportMode から motionMode へ切り替えます。

・194行目　メソッド OnTeleportExited は、teleportMode の終了時に呼ばれるイベントリスナーです。コントローラーを ControllerType.Base（RightHandBaseController）に切り替えます。

（4） ソースコードの確認と保存

　コーディング完了後、エラーメッセージ・警告を確認し、入力ミスなどがあれば修正します。その後、スクリプトファイルを上書き保存します。

6.5.3　ビルド＆実行

（1） スクリプトのアタッチ

・【ヒエラルキー】→［XR Origin］の下位階層にある［RightHand］→【インスペクター】→［コンポーネントを追加］→［Scripts］→［Unity VR］→［ControllerManager］

（2）［SerializeField］属性のフィールドとオブジェクトなどの関連付け

［RightHand］の［ControllerManager］コンポーネントの項目を次のとおり設定します。

・［displayMessage］＝ Message2

・［Base Interactor］＝ RightHandBaseController (XR Ray Interactor)

・［Teleport Interactor］＝ RightHandTeleportController (XR Ray Interactor)

・［移動］（Move）＝ RightHandLocomotion/Move

・［Turn］＝ RightHandLocomotion/Turn

・［Teleport Mode Activate］＝ RightHandLocomotion/TeleportModeActivate

・［Teleport Mode Cancel］＝ RightHandLocomotion/TeleportModeCancel

図 6.5.2　[SerializeField] 属性のフィールドとオブジェクトなどの関連付け（ControllerManager）

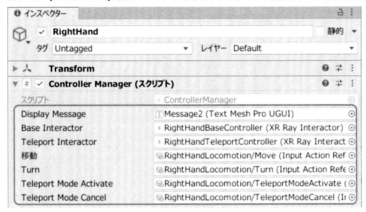

（3） イベントリスナーの登録

　［RightHand］の［ControllerManager］コンポーネントにある［MotionMode］グループの項目を次のとおり設定します。

- ・［On Entered ()］の右下端の［＋］→［Runtime Only］（そのまま）→［なし (オブジェクト)］の［◎］→［シーン］タブの［RightHand］→［No Function］の［▼］→［ControllerManager］の［OnMotionEntered］（下図参照）
- ・［On Update ()］→同様に、［OnMotionUpdate］を登録
- ・［On Exited ()］→「リストは空です」　※登録しません。

図 6.5.3　イベントリスナーの登録（Motion Mode）

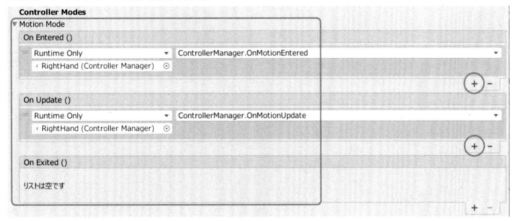

　［RightHand］の［ControllerManager］コンポーネントにある［インタラクションモード］（Interaction Mode）グループの項目を次のとおり設定します。

- ・［On Entered ()］→［OnInteractionEntered］を登録（下図参照）
- ・［On Update ()］→［OnInteractionUpdate］を登録
- ・［On Exited ()］→［OnInteractionExited］を登録

図6.5.4 イベントリスナーの登録（Interacton Mode）

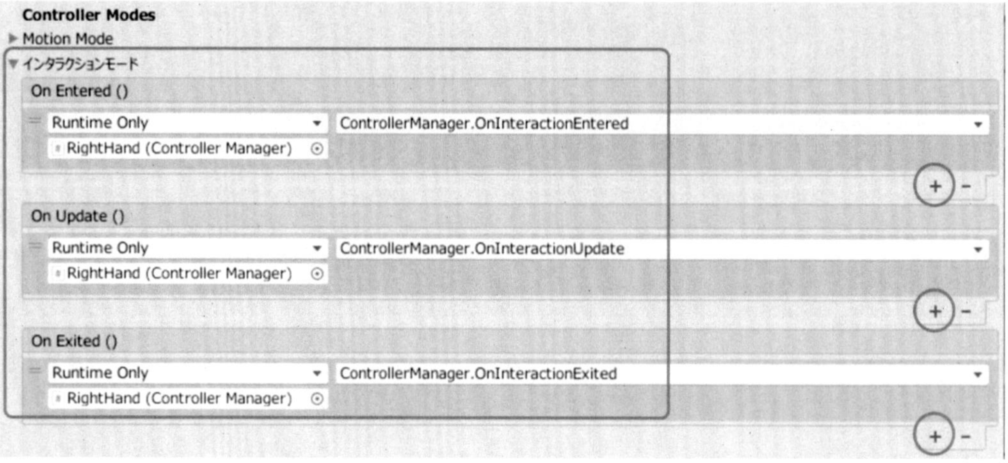

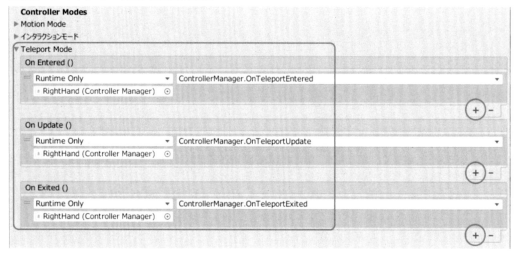

[RightHand] の [ControllerManager] コンポーネントにある [Teleport Mode] グループの項目を次のとおり設定します。

- [On Entered ()] → [OnTeleportEntered] を登録（下図参照）
- [On Update ()] → [OnTeleportUpdate] を登録
- [On Exited ()] → [OnTeleportExited] を登録

図6.5.5 イベントリスナーの登録（Teleport Mode）

（4）シーンの保存

シーンを上書き保存します。【メニューバー】→［ファイル］→［保存］

（5）プロダクト名の設定

・【メニューバー】→［編集］→［プロジェクト設定］→［プレイヤー］→［プロダクト名］＝適切なプロダクト名（ここでは「Locomotion」）を入力

（6）ビルドするシーンの設定

・【メニューバー】→［ファイル］→［ビルド設定］→［ビルドに含まれるシーン］欄に［Scene Locomotion］が登録されていることを確認します。★6.3(5)

図6.5.6　プロダクト名およびビルドするシーンの設定（Locomotion）

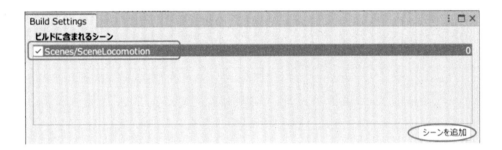

（7）プロジェクトの保存

【メニューバー】→［ファイル］→［プロジェクトを保存］

（8）ビルド＆実行

★1.5.2と同様にビルドの準備を行い、実行します。

・アプリの［保存先］＝ UnityProjects/UnityVR/Apps/AppLocomotion
・Meta Quest2の場合：［ファイル名］＝ Locomotion.apk

（9）実行結果

・まず、コントローラーのサムスティックを前後に傾けます。すると、プレイヤーが前後に移動します。

・次に、コントローラーのサムスティックを左右に傾けます。すると、プレイヤーがワールド座標系Y軸回りに回転し、向きを変えます。

・オブジェクト［SmallGate］に衝突すると、それ以上進むことができません。

・［SmallGate］の梁（Beam）より頭部を下げると、門の中を通過することができます。

・移動しすぎて、オブジェクト［Ground］のエリアから外れると、重力により下へ落下します。その際は、元の位置には戻ってくることはできません。いったんアプリを終了し、再起動してください。

・レイでオブジェクト［GrabbableCube］をホバリングし、コントローラーのグリップを握ると選択することができます。

・その状態でサムスティックを前後・左右に傾けると、選択したオブジェクトを手元から遠ざけ

たり（または近づけたり）、回転させることができます。

・コントローラーのトリガーを引くと、テレポートモードになります。

・地表にある灰色の［Teleportation Area］平面内の移動したい場所をレイで指し示してトリガーを離すと、プレイヤーが移動先へテレポーテーションします。

・パネルの右側にある薄いシアン色の［Teleportation Anchor］に対して前項と同様な操作を行うと、そこへテレポーテーションします。

・トリガーを引いた後にテレポートモードをキャンセルしたい場合はグリップを押します。
　※なお、トリガーを引いてから先に［Teleportation Area］とホバリングした場合は、トリガーが離されるまで［Teleportation Anchor］とはホバリングしません。その逆の場合も同様です。
　※正しく動作しない場合は、★6.5.3の設定内容および★1.5.2(4)（正しく動作しない場合のチェックポイント）を確認します。

図 6.5.7　SceneLocomotion の実行結果（その 1）

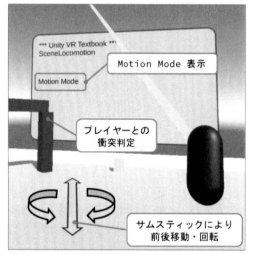
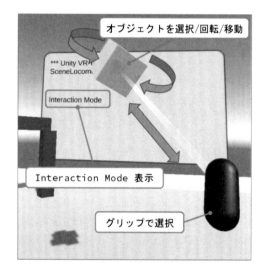

図6.5.8　SceneLocomotionの実行結果（その2）

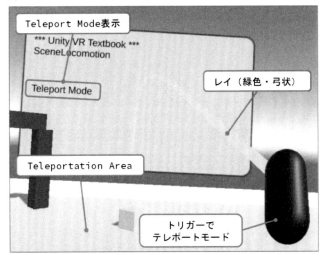
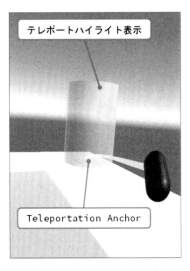

※前述のサンプルスクリプトでは、Unityエディターの【インスペクター】ビューにてイベントリスナーを登録する方法を採用していますが、AddListener命令によりイベントリスナーを登録する方法に変更する場合は、メソッドOnEnableの部分を下記のOnEnableに差し替え、さらに下記のOnDisableを追加してください。また、各イベントリスナー（public void OnMotionEntered()など）の修飾子をpublicでなくprivateに変更します（修飾子privateは省略可）。

● ControllerManager（AddListenerによるイベントリスナーの登録）

```
    void OnEnable()
    {
      if (!isReady) { return; }

      motionMode.OnEntered.AddListener(OnMotionEntered);
      motionMode.OnUpdate.AddListener(OnMotionUpdate);

      interactionMode.OnEntered.AddListener(OnInteractionEntered);
      interactionMode.OnUpdate.AddListener(OnInteractionUpdate);
      interactionMode.OnExited.AddListener(OnInteractionExited);

      teleportMode.OnEntered.AddListener(OnTeleportEntered);
      teleportMode.OnUpdate.AddListener(OnTeleportUpdate);
      teleportMode.OnExited.AddListener(OnTeleportExited);
    }

    void OnDisable()
    {
      if (!isReady) { return; }
```

```
        motionMode.OnEntered.RemoveListener(OnMotionEntered);
        motionMode.OnUpdate.RemoveListener(OnMotionUpdate);

        interactionMode.OnEntered.RemoveListener(OnInteractionEntered);
        interactionMode.OnUpdate.RemoveListener(OnInteractionUpdate);
        interactionMode.OnExited.RemoveListener(OnInteractionExited);

        teleportMode.OnEntered.RemoveListener(OnTeleportEntered);
        teleportMode.OnUpdate.RemoveListener(OnTeleportUpdate);
        teleportMode.OnExited.RemoveListener(OnTeleportExited);
    }
```

||||||||||||||||||||||||||||||||||||||||||||||||||||||||||||||||||||||||||||||||||||||||||||||||||||||||
《Note》おわりに

　ここまで学習した読者には、Unity による基本的な VR プログラミング能力が身についていることでしょう。これまで学んだ知識を活かして、簡単な VR アプリを作成してみましょう。そして、慣れてきたら、下記のマニュアルやリファレンスにざっと目を通してください。さらに理解を深めることができ、今かかえている問題を解決できるかもしれません。

・Unity User Manual & Scripting Reference[1, 2]
・Unity OpenXR[3, 4]
・XR.Interaction.Toolkit[5, 6]
・Input System[7, 8]
・Unity UI[9, 10]

　自作 VR アプリ開発において、本書で学んだ VR 関連の命令以外にも、Unity の基本的な各種命令も必要になることでしょう。その際に役立つと思われる次の参考書も紹介しておきます。
　　『ゲーム開発に役立つ Unity C#スクリプト Cookbook 〜命令詳細解説と機能別スクリプト集〜』
　　　多田憲孝 著、インプレス R&D、ISBN 978-4844379256

　自作 VR アプリに必要な 3D モデルについては、Unity Assets Store にある 3D モデルの使用を検討してみましょう。また、Unity のパッケージとして提供されている「ProBuilder」や「Maya」、「Blender」などの 3DCG モデリングソフトウェアを使えば、3D モデルを自作することもできます。これらのツールの習得も、アプリ開発の楽しさを倍増させてくれることでしょう。
　これからも、創造的な VR プログラミングの世界を楽しんでください！
||||||||||||||||||||||||||||||||||||||||||||||||||||||||||||||||||||||||||||||||||||||||||||||||||||||||

1.https://docs.unity3d.com/ja/2021.3/Manual/index.html
2.https://docs.unity3d.com/ja/2021.3/ScriptReference/index.html
3.https://docs.unity3d.com/Packages/com.unity.xr.openxr%401.4/manual/index.html
4.https://docs.unity3d.com/Packages/com.unity.xr.openxr%401.4/api/index.html
5.https://docs.unity3d.com/Packages/com.unity.xr.interaction.toolkit%402.0/manual/index.html
6.https://docs.unity3d.com/Packages/com.unity.xr.interaction.toolkit%402.0/api/index.html
7.https://docs.unity3d.com/Packages/com.unity.inputsystem%401.4/manual/index.html
8.https://docs.unity3d.com/Packages/com.unity.inputsystem%401.4/api/index.html
9.https://docs.unity3d.com/Packages/com.unity.ugui%401.0/manual/index.html
10.https://docs.unity3d.com/Packages/com.unity.ugui%401.0/api/index.html

著者紹介

多田 憲孝 (ただ のりたか)

新潟工業短期大学教授、大阪国際大学教授を経て、現在プログラミングスクール「Wonder Processor」代表。大阪国際大学名誉教授。1972年よりFortran言語でプログラミングを始める。振動解析、教育システム、人工知能、スポーツ工学分
野の運動解析・指導システムなどの研究に従事。スキーの回転運動の数値解析を基に、VRを利用したスキーシミュレーターやARを利用したスキー指導システムを開発。
大学在任中は、情報関連の講義および演習を担当。

◎本書スタッフ
アートディレクター/装丁：岡田 章志＋GY
編集：向井 領治
ディレクター：栗原 翔

●お断り
掲載したURLは2022年10月20日現在のものです。サイトの都合で変更されることがあります。また、電子版では
URLにハイパーリンクを設定していますが、端末やビューアー、リンク先のファイルタイプによっては表示されない
ことがあります。あらかじめご了承ください。
●本書の内容についてのお問い合わせ先
株式会社インプレスR&D　メール窓口
np-info@impress.co.jp
件名に「『本書名』問い合わせ係」と明記してお送りください。
電話やFAX、郵便でのご質問にはお答えできません。返信までには、しばらくお時間をいただく場合があります。
なお、本書の範囲を超えるご質問にはお答えしかねますので、あらかじめご了承ください。
また、本書の内容についてはNextPublishingオフィシャルWebサイトにて情報を公開しております。
https://nextpublishing.jp/

●落丁・乱丁本はお手数ですが、インプレスカスタマーセンターまでお送りください。送料弊社負担にてお取り替えさせていただきます。但し、古書店で購入されたものについてはお取り替えできません。
■読者の窓口
インプレスカスタマーセンター
〒101-0051
東京都千代田区神田神保町一丁目105番地
TEL 03-6837-5016／FAX 03-6837-5023
info@impress.co.jp
■書店／販売店のご注文窓口
株式会社インプレス受注センター
TEL 048-449-8040／FAX 048-449-8041

OnDeck Books

Unity＋OpenXRによる VRプログラミング

Meta Quest2／Windows Mixed Reality
対応

2022年11月11日　初版発行Ver.1.0（PDF版）

著　者　多田 憲孝
編集人　桜井 徹
発行人　井芹 昌信
発　行　株式会社インプレスR&D
　　　　〒101-0051
　　　　東京都千代田区神田神保町一丁目105番地
　　　　https://nextpublishing.jp/
発　売　株式会社インプレス
　　　　〒101-0051　東京都千代田区神田神保町一丁目105番地

●本書は著作権法上の保護を受けています。本書の一部あるいは全部について株式会社インプレスR&Dから文書による許諾を得ずに、いかなる方法においても無断で複写、複製することは禁じられています。

©2022 Tada Noritaka. All rights reserved.

印刷・製本　京葉流通倉庫株式会社
Printed in Japan

ISBN978-4-295-60167-8

NextPublishing®
●本書はNextPublishingメソッドによって発行されています。
NextPublishingメソッドは株式会社インプレスR&Dが開発した、電子書籍と印刷書籍を同時発行できるデジタルファースト型の新出版方式です。 https://nextpublishing.jp/